Tesla's verschollene Erfindungen
Geniale Techniken wiederentdeckt

Tesla's verschollene Erfindungen

Geniale Techniken wiederentdeckt

EDITION FREIE ENERGIE

Die auf der Titelseite verwendeten vier Symbole sollen auf Erfindungen bzw. Erkenntnisse Teslas hindeuten. Die Zeit ist gekommen, diese u. a. verschollenen Erfindungen neu zu studieren und auf ihren unverfälschten technischen Gehalt hin zu prüfen, was Wissenschaft und Forschung allerdings nur leisten können werden, wenn sie von ihren Fesseln befreit werden.
Der Stromwirbel oben links zeigt, wie Tesla den elektrischen Strom wahrgenommen haben soll. Die schematisierte Kohlenstofflampe oben rechts steht für seine vielfältigen Erfindungen zu Leuchtmitteln mit hoher Ausbeute. Unten rechts ist das Prinzip der Scheibenläuferturbine angedeutet, deren außergewöhnliche Eigenschaften zu einer breiten Anwendung im Antriebsbereich führen könnten. Unten links ist der Energiesender von Wardencliff symbolisiert, der die ganze Erde mit Energie hat versorgen sollen. Die Aufkündigung der finanziellen Unterstützung seiner Konstruktion bedeutete für Tesla das Aus.

ISBN 3-922367-93-3, Verkehrsnummer 16645 (BAG)

VAP-Verlags-Auslieferung: Postfach 1180, 32352 Preußisch Oldendorf
Telefon (05742) 930444 + 930445, Fax (05742) 930455

Gesamtherstellung: Kölle-Druck GmbH, Preußisch Oldendorf
1. Auflage 1994

Gedruckt in Deutschland

Inhaltsverzeichnis

„Ehe viele Generationen vergehen, werden unsere Maschinen durch eine Kraft angetrieben werden, die an jedem Punkt des Universums verfügbar ist. Diese Idee ist nicht neu, wir finden sie in den herrlichen Mythen des Antheus, der Energie aus der Erde ableitet, wir finden sie auch in den feinen Spekulationen eines Ihrer glanzvollen Mathematiker . . . Überall im Weltraum ist Energie. Ist diese Energie statisch oder kinetisch? Wenn statisch, werden unsere Hoffnungen vergeblich sein. Wenn kinetisch – und wir wissen, daß dem sicherlich so ist – dann ist es nur eine Frage der Zeit, daß die Menschheit ihre Energietechnik erfolgreich an das eigentliche Räderwerk der Natur angeschlossen haben wird."

Nikola Tesla (aus dem Vortrag, gehalten am 20. Mai 1891 zu New York vor dem American Institute of Electrical Engineers).

VORWORT

Über dieses Buch

Das Buch ist das Ergebnis einer Durchforstung der vorhandenen Tesla-Literatur. Insbesondere beruht es auf den Tesla-Patenten. Auch Teslas Notizen und Vortragsunterlagen, soweit sie veröffentlicht wurden, und seine Zeitschriftenartikel, wie auch Biographien und andere Sekundärliteratur wurden herangezogen. Das technisch-juristische Kauderwelschs der Patentschriften wurde in normale Sprache übersetzt. Tesla beherrschte zwar die englische Sprache (dazu noch einige weitere Sprachen) sehr gut, wie aus seinen Patentschriften hervorgeht. Aber diese Patentschriften sind wie auch alle anderen außerordentlich schwierig zu verstehen, denn sie sind nicht für den neugierigen Leser geschrieben, sondern bilden eher verschlüsselte juristische Schriftsätze mit dem Zweck, die Interessen des Erfinders zu schützen.

Die Mehrzahl der Abbildungen in diesem Buch stammt aus den Patentschriften von Tesla. In den Originalabbildungen und im Text der Patentschriften wurden die einzelnen Teile der Erfindungen mit Buchstaben oder mit Zahlen gekennzeichnet, um die Beziehungen zu verdeutlichen. Da diese Kennzeichnungen im vorliegenden Zusammenhang ohne jegliche Bedeutung sind, wurden sie im Buch durch Benennungen ersetzt.

In den Abbildungen ist jeweils die Patentnummer angegeben, um weitere Studien zu erleichtern. Außerdem ist das Jahr der Patentanmeldung – nicht das Jahr der Erteilung – zu finden. In manchen Fällen liegt zwischen

Anmeldung und Erteilung eine erhebliche Zeitspanne, beim Energiesender z. B. sind dies 13 Jahre.

Im Anhang sind für die Zwecke des Lesers jeweils Titel aus der Tesla-Literatur und der zugehörige Verlag mit Anschrift aufgeführt.

Tesla beim Studium im Labor

TESLA

TESLA, Nikola (1856 – 1943), Erfinder auf dem Gebiet der Elektrizität. Geboren in Similjan (Kroatien). Ausbildung am Polytechnikum in Graz und an der Universität Prag. Wirkte als Fernmeldeingenieur in Prag und in Paris. Erfand einen neuartigen Elektromotor ohne Kommutator wie beim Gleichstrommotor; dieser arbeitete nach dem Prinzip rotierender Magnetfelder, erzeugt durch Mehrphasen-Wechselströme. Baute einen Prototyp, fand jedoch in Europa keine Interessenten. Dann Emigration in die USA (1884). Dort kurze und unbefriedigende Zusammenarbeit mit Thomas Alva Edison. Anschließend Gründung eines eigenen Labors und Erlangung von Patenten für Mehrphasenmotoren, -generatoren und -transformatoren für ein vollständiges Drehstromsystem.

Bildung einer Arbeitsgemeinschaft mit George Westinghouse; dieser kaufte die Mehrphasenstrom-Patente für US$ 1 Million plus Gewinnbeteiligung. Mit Westinghouse zusammen aktiv gegen Edison, um die Öffentlichkeit von der Überlegenheit und der Sicherheit von Wechselstrom gegenüber Gleichstrom zu überzeugen mit dem Erfolg, daß schließlich weltweit Wechselstrom zum Einsatz kam. Ebenfalls zusammen mit Westinghouse das Beleuchtungssystem für die Weltausstellung in Chicago geschaffen, das Wasserkraftwerk Niagara Falls gebaut und Wechselstromsysteme in den Silberminen von Colorado und in anderen Industrieanlagen eingerichtet. War um die Jahrhundertwende zur Berühmtheit geworden, vergleichbar mit Edison, im Zuge der Ausweitung der stromerzeugenden Industrie.

Weiterhin selbständiges Experimentieren in einem Labor in Manhattan; Entwicklung und Patentierung von elektrischen Geräten unter Ausnutzung der überlegenen Hochfrequenz-Beleuchtung, Röntgenstrahlen, Elektrotherapie. 1895 Labor abgebrannt; danach Wiederaufbau und Fortsetzung der Arbeiten. Verlegung des Labors nach Colorado Springs für etwa ein Jahr (1899). Bau eines großen Energiesenders. Experimente mit drahtlosen Eigenschaften von hochfrequenten Hochspannungen: Tesla-Spule, Rundfunk, drahtloser Energieübertragung, Rundfunk, Erdresonanz. Untersuchung der Blitzphänomene; Erzeugung von Blitzen.

Rückkehr nach New York. Mit Unterstützung des Finanziers J.P. Morgan Arbeiten zur Schaffung eines weltweiten Rundfunksystems mit Energiesendern. Bau eines großen Turms für einen Energiesender in Wardencliff, Long Island, als erste Station des Systems. Förderung durch Morgan bis knapp vor dessen Fertigstellung, dann plötzlicher Förderungsentzug und Zusammenbruch des Projekts. Fortsetzung des erfinderischen Schaffens bis in die 20er Jahre, aber Abnahme der Patentanmeldungen im Vergleich zur vorhergehenden stürmischen Fruchtbarkeit; insgesamt weltweit etwa 700 Patente. Keine Aufnahmebereitschaft für die Erfindungen auf dem Gebiet der Hochfrequenztechnik, ebenso der Scheibenläuferturbine, des Empfängers für Freie Energie und anderer Erfindungen bei der etablierten Industrie. Keine Beachtung mehr durch die Medien, ausgenommen die Geburtstags-Pressekonferenzen. Bei solchen Anlässen Voraussage von Mikrowellentechnik, Fernsehen, Richtstrahltechnik, Weltraumstrahlungs-Motor, interplanetarer Kommunikation und solcher

Welleninterferenz-Vorrichtungen, die seither als „Tesla-Haubitze“ und „Tesla-Schild“ bezeichnet werden. In den 30er-Jahren an Projekten zur drahtlosen Energieübertragung in Quebec beteiligt. Letzter Medienauftritt anläßlich des Geburtstags 1940.

Starb 1943 zurückgezogen und friedlich ohne besondere Ursache mit 87 in einem Hotelzimmer in New York. Persönliche Unterlagen, einschließlich umfangreicher Laboraufzeichnungen, von der US-amerikanischen Regierung beschlagnahmt, viele Jahre später im Tesla-Museum in Belgrad wieder aufgetaucht. Veröffentlichung dieser Aufzeichnungen durch das Museum nur bruchstückhaft („Colorado Springs Notes“). Vermutlich wurden die kompletten Nachlaßunterlagen in russischen Labors detailliert ausgewertet, nachgebaut und weiterentwickelt.

Nikola Teslas Versuchsanlage in Colorado Springs 1899–1902

1. DIE SCHEIBENLÄUFERTURBINE

Tesla nannte sie das „Kraftwerk in einem Hut". In einer Version entwickelte sie eine Leistung von über 80 kW bei 5000 Umdrehungen je Minute; sie hatte einen Durchmesser von etwa 250 mm. Nach Meinung Teslas könnten größere Turbinen 800 kW und mehr erreichen. Die Scheibenläuferturbine arbeitet vibrationsfrei. Sie ist billig herzustellen, da kein Teil außer den Rotorlagern eng toleriert sein muß. Sie benötigt nur wenig Wartung. Falls erforderlich, läßt sich der Rotor auf einfache Weise auswechseln. Die Turbine kann mit Dampf, Druckluft, Benzin oder Öl laufen.

Funktionsweise

Im Unterschied zu herkömmlichen Turbinen, bei denen das strömende Medium auf blatt- oder korbartig geformte Schaufeln trifft, verwendet Tesla einen Satz starrer Metallscheiben. Diese stehen nicht in einem mehr oder weniger stumpfen Winkel quer zur Strömung, sondern drehen sich auf natürliche Weise parallel zu ihr. Die Drehbewegung der Scheiben wird durch die zwischen der Oberfläche eines Körpers und einem fließenden Medium auftretende spezielle Adhäsionskraft verursacht. Diese Adhäsionskraft, die z.B. bei Flugzeugen eher hinderlich ist, resultiert nach Teslas Worten aus „den Kräften, die die Flüssigkeit auf die Oberflächenrauhigkeiten des festen Materials ausübt" (einfacher Reibungswiderstand) und aus den „internen

Kräften, die der molekularen Scherung widerstehen" (Bindungskräfte).

Das Antriebsmedium strömt durch die Eintrittsöffnung und wird auf die äußeren Ränder der Scheiben gerichtet. Es wandert in spiralförmiger Bewegung über die sich drehenden Scheiben zu den in Scheibenmitte angeordneten Öffnungen, durchfließt diese und tritt an der Auslaßöffnung des Gehäuses aus.

Tesla vermerkt in der Patentschrift, daß in einer von einer Flüssigkeit angetriebenen Maschine „Veränderungen der Geschwindigkeit und der Richtung des Flüssigkeitsstroms so sanft wie möglich stattfinden sollten". Dies ist jedoch nach seiner Feststellung in den üblichen Maschinen nicht der Fall; dort „sind plötzliche Veränderungen, Stöße und Vibrationen unvermeidbar".

„Die Benutzung von Kolben, Flügeln, Klappen, Schaufeln und dergleichen", so Teslas Ausführungen, „bewirkt notwendigerweise zahlreiche Nachteile und Einschränkungen und trägt zu Verkomplizierungen sowie zur Erhöhung der Produktions- und der Wartungskosten der Maschinen bei." Wir, die wir immer noch an der Kolbenmaschine festhalten, wissen dies nur zu genau. Die Tesla-Turbine ist vibrationsfrei, da sich die Antriebsflüssigkeit „entlang natürlicher Bahnen oder Strömungslinien des geringsten Widerstands, frei von Behinderungen oder Störungen" bewegt.

Durch Vertauschen der Eintritts- mit der Austrittsöffnung läßt sich die Drehrichtung der Turbine ganz einfach umkehren.

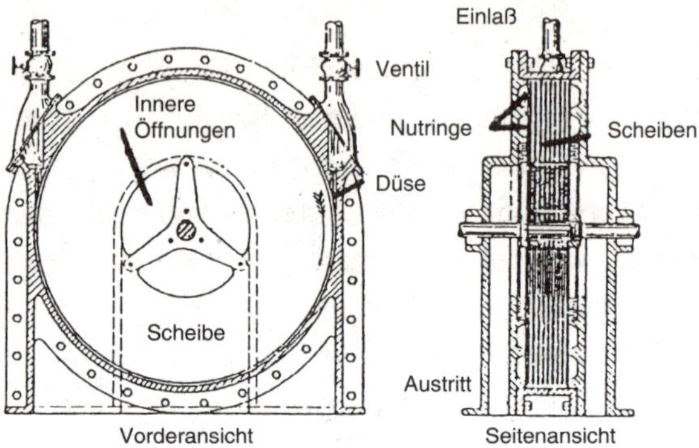

Patent No. 1,061,206 (1909)

Aus dem Teslaschen Scheibenturbinen-Patent

Verbrennungskraftmaschine

Als Brennkammer wird oben auf der Turbine ein Gehäuse angebracht. In die Brennkammer wird eine Glüh- oder eine Zündkerze eingesetzt. Seitlich an der Brennkammer werden Einlaßventile angeordnet.

Das Interessante an diesen Ventilen ist, daß sie keine beweglichen Teile enthalten. Sie arbeiten nach dem Fluidik-Prinzip (siehe unten).

Das einzige bewegliche Teil der Tesla-Turbine ist der Rotor oder Läufer. Es handelt sich demnach um eine leistungsfähige Verbrennungskraftmaschine mit nur einem beweglichen Teil!

Fluidik-Ventil

Das Fluidik-Ventil, von Tesla als Strömungsrichter bezeichnet, ermöglicht den unbehinderten Durchfluß in einer Richtung. In der anderen Richtung wird die Strömung durch Sackkammern unterbunden. Die Strömung wird dort um 360 Grad umgelenkt und bildet dadurch Wirbel oder Gegenströmungen, so daß das Medium genau so sicher blockiert wird wie durch Schließen eines mechanischen Ventils.

Durch den vom umlaufenden Rotor erzeugten Sog werden ausreichend Brennstoff und Luft in die Brennkammer gefördert. Laut Tesla ist „nach kurzer Zeit die Brennkammer so stark erhitzt, daß die Zündvorrichtung abgeschaltet werden kann, ohne daß sich der Betriebszustand verändert“. Mit anderen Worten, die Turbine dieselt dann weiter (Selbstzündung).

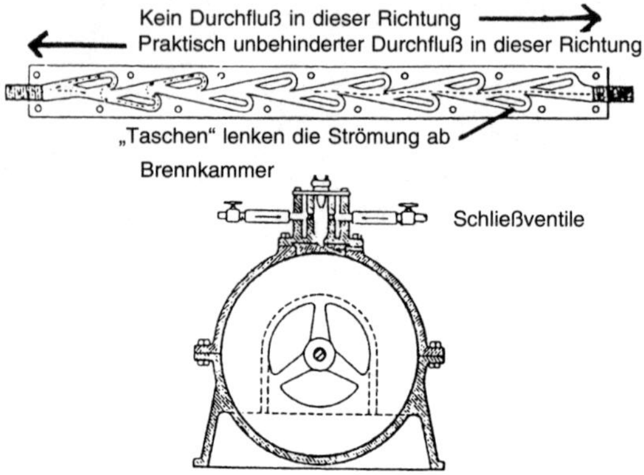

Patent No. 1,329,559 (1916)

Betrieb mit interner Verbrennung

Die Tesla-Turbine kann im Umkehrbetrieb auch sehr effizient als Pumpe eingesetzt werden (Tesla-Patent Nr. 1.061.142). Diese Anwendung wird heute auch großtechnisch z.B. bei Schlammpumpen genutzt.

Flüssigkeitsantriebe

Das Prinzip der Scheibenläuferturbine kann zur Drehzahlmessung benutzt werden. Dort besteht das Problem darin, eine Drehbewegung, z.B. von Fahrzeugrädern, in eine Winkelbewegung umzusetzen, um einen Zeiger entgegen der Kraft einer Feder zu verstellen. Der Vorschlag von Tesla: Die Drehzahlmesserwelle treibt eine gegenüber einer zweiten Scheibe angeordneten Scheibe an. Die Drehbewegung wird durch eine Flüssigkeit auf die zweite Scheibe übertragen, und diese bewegt den Zeiger.

Durch Anordnung zweier Scheiben unterschiedlicher Größe in einem flüssigen Medium läßt sich „bei entsprechender Wahl der Scheibendurchmesser jedes beliebige Verhältnis zwischen den Rotationsgeschwindigkeiten erreichen", vermerkt Tesla in seiner Patentschrift; somit nimmt er bereits 1911 die Idee zum Flüssigkeits-Automatikgetriebe vorweg.

Tesla arbeitete schon früh in seiner Karriere an dieser Turbine. Er betrachtete sie als sehr geeigneten Antrieb für seine Wechselstromgeneratoren und glaubte sie den Kolbendampfmaschinen, den Arbeitspferden der damaligen Zeit, weit überlegen. Er kam aber erst nach dem Zusammenbruch seiner Pläne eines weltweiten Rundfunksystems (1909) dazu, sie zu perfektionieren und zu patentieren. Zu dieser Zeit war aber der Kolbenmotor mit interner Verbrennung als Antriebsmaschine in der westlichen Technik nicht mehr zu verdrängen. Tesla sprach im Zusammenhang mit seinen Anstrengungen zur Einführung seiner Turbine von „organisierter Opposition", ebenso wie andere, die ihm seither dabei nachfolgten (siehe den Stelzer-Motor – Anm.d.H., vgl. Zusatzliteratur /1/).

Tesla sah für seine Turbine trotzdem immer noch eine glorreiche Zukunft. Gegenüber seinem Freund, dem Professor und Ingenieur Charles Scott von der Universität Yale, sagte er voraus, daß „meine Turbine alle Wärmekraftmaschinen der Welt zu Schrott machen wird". Scott erwiderte: „Dies würde aber einen ziemlichen Schrottberg entstehen lassen." Und das war wohl der Punkt, warum die Entwicklung bisher nicht stattgefunden hat.

2. DER FUNKENSTRECKEN-OSZILLATOR

Tesla war bei der Einrichtung des heute noch bestehenden 60Hz-Netzes an führender Stelle beteiligt. Er vermutete jedoch, daß die wirkungsvolleren Phänomene im höheren Frequenzbereich zu Hause sind. Um diese höheren Frequenzen zu erzeugen, unternahm er zunächst Versuche, bei denen er die Generatoren (Dynamos) mit höheren Drehzahlen betrieb und sie mit mehr Polen als bis dahin üblich versah. Einer der Generatoren mit einer flachen, genuteten Kupferscheibe als Anker (Rotor) erreichte 30.000 Schwingungen pro Sekunde (Hz); Tesla wollte jedoch in den Bereich von Millionen von Schwingungen pro Sekunde (Megahertz – MHz) gehen.

Er kam auf die Idee, daß die Möglichkeit zur Erreichung derartig hoher Frequenzen durch Verwendung von Kondensatoren erreichbar wäre. Mit einer bestimmten Kondensator-Anordnung, dem Funkenstrecken-Oszillator, erreichte er tatsächlich höhere Frequenzen, und zwar ganz ohne mechanisch bewegliche Teile. Diese Schaltungsanordnung schien ihm so vielversprechend, daß er sie als „Methode und Vorrichtung zur elektrischen Umwandlung und Verteilung" patentieren ließ, da er in ihr die Möglichkeit für ein völlig neuartiges elektrisches Beleuchtungssystem unter Verwendung hoher Frequenzen sah. Wenngleich der Funkenstrecken-Oszillator bald von der Tesla-Spule überholt wurde und nicht unter den bekannteren der verschollenen Erfindungen aufgeführt ist, so bezeichnet er für Tesla doch eine Wendemarke, da diese Erfindung dessen Karriere im Hochfrequenzbereich einleitete.

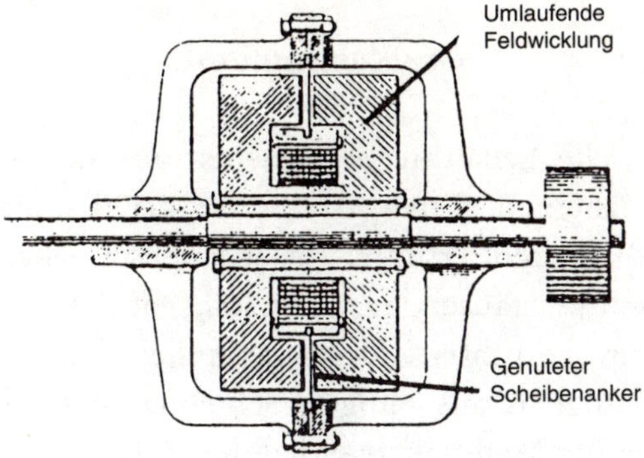

Patent No. 447,921 (1891)

Hochfrequenzdynamo

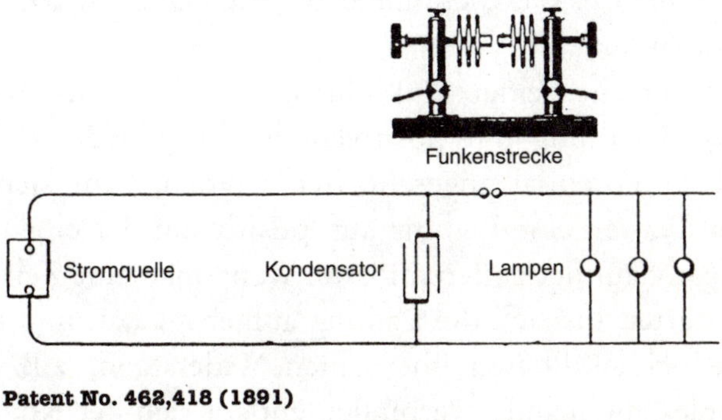

Patent No. 462,418 (1891)

Funktionsweise

Der Kondensator

Elektrische Schaltungen bestehen aus nur wenigen Grundbausteinen. Einer davon ist der Kondensator. Tesla hat ihn nicht erfunden; er war schon bekannt, angeblich seit Jahrtausenden, aber Tesla hat ihn in drei seiner Patente verbessert. Der gewöhnliche Kondensator besteht lediglich aus einigen Schichten leitender und nichtleitender Materialien; er hat den Zweck, elektrische Ladungen zu speichern. Der einfachste Kondensator weist zwei leitfähige Platten auf, die durch eine isolierende Platte getrennt sind. Im abgebildeten Kondensator sind die leitenden Elemente zwei Metallplatten. Als Isolation dazwischen wird Öl verwendet. In der Fachsprache heißen die Platten tatsächlich „Platten" oder auch „Beläge" (je nach Ausführung); die isolierende Schicht (Öl, Glas, Glimmer oder anderes) ist das „Dielektrikum".

Wenn die beiden Anschlüsse eines Kondensators an eine Schaltung mit positivem und negativem elektrischem Potential angeschlossen werden, baut sich auf den Platten eine Ladung auf, positiv auf der einen und negativ auf der anderen Platte. Wenn man eine Zeit lang abwartet, bis sich die Ladung aufgebaut hat, und dann die beiden Platten über einen Widerstand, z.B. eine Spule, miteinander verbindet, entlädt sich der Kondensator, und zwar sehr plötzlich. Tesla sagte, daß „die Explosion von Dynamit nur ein vorübergehender Hauch im Vergleich zur Entladung eines Kondensators" sei. Er sagte weiter, der Kondensator wäre „das Mittel zur Erzeugung der stärksten Ströme, des höchsten elektrischen Drucks, des größten Aufruhrs im Medium".

Eine Kondensatorentladung ist nicht unbedingt ein Einzelvorgang. Falls sich der Kondensator über einen geeigneten Widerstand entlädt, erfolgt ein Stromstoß in der einen Richtung, dann zurück, als ob der Strom abprallen würde, anschließend wieder hin und zurück und so weiter, bis sich das Ganze langsam totgelaufen hat. Die Entladung ist ein Schwingungsvorgang, eine Vibration. Er kann durch Nachladen des Kondensators zu geeigneten Zeitpunkten aufrechterhalten werden. Wenn Tesla davon spricht, daß die Entladung des Kondensators „Aufruhr im Medium" bewirkt, meint er damit Schwingungen oder ein Gemisch von Schwingungen.

Das Wesen dieser Schwingungen oder Vibrationen wird zum Teil durch die Kapazität des Kondensators, das heißt durch sein Fassungsvermögen für die Ladung,

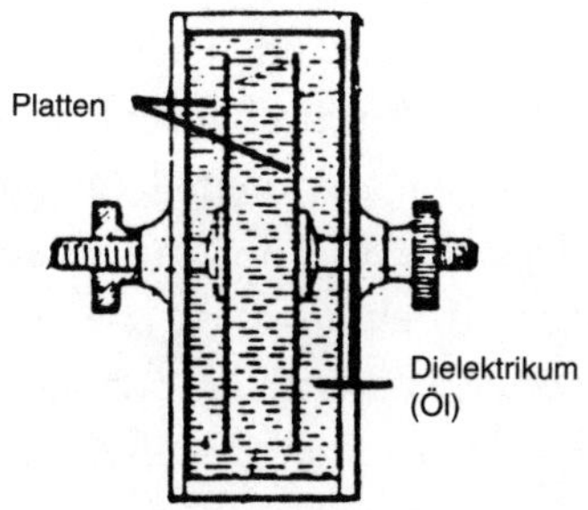

Patent No. 464,667 (1891)

Kondensator

bestimmt. Diese ist eine Funktion der Abmessungen der Platten und des Abstands zwischen ihnen sowie der Zusammensetzung des Dielektrikums. Bei der Entladung treten im Regelfall außer der Grundschwingung einige harmonische (Oberschwingungen) und möglicherweise andere Schwingungen, eventuell regelmäßiger Natur, auf. Durch weitere Schaltungselemente können die Schwingungen gezähmt werden, so daß ein „reiner" Ton entsteht.

Das „Medium"

Wenn Tesla von „Aufruhr im Medium" spricht, was meint er dann mit „Medium"?

Zu Teslas Zeiten besagte ein Glaubenssatz, daß ein alles durchdringendes einheitliches Feld, der „Äther", bestünde. An dem Äther als das elektrische Medium wird in manchen Kreisen immer noch festgehalten; in der offiziellen Wissenschaft gilt sein Vorhandensein jedoch als im Labor widerlegt. Nichtsdestotrotz war die Überzeugung, daß ein Äther vorhanden sei, sehr tief verwurzelt, und nicht nur bei Wissenschaftlern, sondern auch bei allen Denkern, bis vor nunmehr kaum mehr als fünfzig Jahren die Teilchentheorie mit der Gleichung $E = mc^2$ und schließlich Hiroshima den „neuen Glauben" fest verankerten. In den letzten Jahren zeigt sich wieder, daß das Konzept des Äthers sich als äußerst tragfähig erweist. Auch neueste Ansätze kommen hierauf zurück.

Tesla sagte, das Elektron würde nicht existieren. Das materialistische Konzept, nach dem sich solche kleinen Teilchen durch die Leiter bewegen, ist Teslas Theorie der Elektrizität fremd.

Hier die Ansicht, die der Quäker Rufus Jones 1920 über den Äther äußerte: „Eine ungreifbare Substanz, die wir Äther nennen – luminoferoser (lichttragender) Äther – erfüllt den gesamten Raum, auch den von sichtbaren Objekten eingenommenen Raum; dieser Äther, der erstaunlicher Schwingungen fähig ist, Milliarden von Schwingungen pro Sekunde, wird von unterschiedlichen Objekten in Schwingungen oder Vibrationen unterschiedlicher Geschwindigkeiten versetzt. Diese Vibrationen bombardieren die winzigen Zäpfchen der Regenbogenhaut. ... Er ist auch für all die ungeheuer vielfältigen Erscheinungen der Elektrizität, wahrscheinlich auch für die Kohäsion und die Gravitation, verantwortlich. ... Der Dynamo und die anderen von uns erfundenen elektrischen Geräte schaffen oder erzeugen keine Elektrizität. Sie lassen sie lediglich zum Vorschein kommen, wobei sie sich einmal in der Form von Licht, einmal in der Form von Wärme, einmal in der Form von Antriebskraft zeigt. Aber die Elektrizität war stets vorher vorhanden, unbemerkt, lediglich potentiell, und doch als weiter, hinter allem befindlicher, alles umhüllender Ozean voller Energie, jederzeit verfügbar zur Aktivierung, sobald das geeignete Medium vorhanden ist."

Jones, der kein Wissenschaftler, sondern ein religiöser Denker und Verkünder war, betonte besonders die Nähe von Gottes Kräften; dabei half ihm die Berufung auf die Physik seiner Zeit. Heutzutage, bei der in Mode befindlichen und von W. Gordon Allen als „atheistische Wissenschaft" bezeichneten Einsteinschen Physik wäre dies schwierig. Daß Einstein später durchaus ein Verfechter des Äther-Modells war, wird ignoriert (vgl. „Forschung in Fesseln", Seite 319).

Wenngleich der Äther ungreifbar ist, so soll er doch elastische Eigenschaften besitzen, so daß Tesla sagen kann: „Ein Schaltkreis mit einer großen Kapazität verhält sich wie eine schlaffe Feder, während einer mit einer kleinen Kapazität wie eine steife Feder wirkt und heftiger vibriert."

Diese Elastizität des Äthers zeigt sich greifbar z.B. beim Herumspielen mit Magneten; sie ist auf den Drang des Mediums zum Gleichgewicht zurückzuführen. Wenn der Äther durch eine elektrische Ladung (oder durch Magnetismus oder die Gravitation eines materiellen Körpers) verzerrt wird, versucht er, das ungestörte Gleichgewicht zwischen den Polaritäten Plus/Minus, Positiv/Negativ, Ying/Yang wiederherzustellen. Eine elektrische Spannung ist das Maß für eine Verzerrung oder ein Ungleichgewicht, die Potentialdifferenz oder schlicht Potential genannt wird.

Das Gleichgewicht wird nicht lediglich durch ein einziges Zurückfedern aus dem Verzerrungszustand wiedergewonnen. Wie am Beispiel des Kondensators zu sehen ist, bewegt sich das verzerrte elektrische Medium über die Gleichgewichtslinie nach der anderen Seite

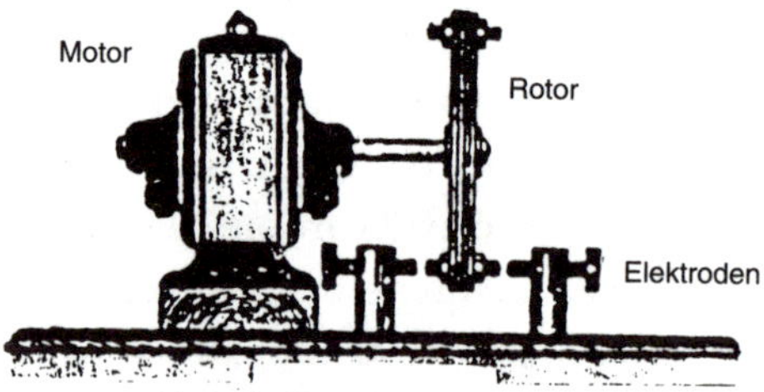

Rotativ-Funkenstrecke

hinaus, dann zurück und immer wieder hin und her; dieser Vorgang wird als Schwingung bezeichnet.

Wenn man die Natur auf diese Weise betrachtet, sind Schwingungen gleich Energie und ist Energie gleich Schwingung. Man könnte deshalb sagen, daß der durch die Entladung des Kondensators bewirkte Aufruhr im Medium Energie an sich darstellt. Somit kann man vom Kondensator als von einem Energieverstärker sprechen. Auch wenn er durch ein schwaches Potential aufgeladen wurde, wird das Medium durch die plötzliche Entladung des Kondensators machtvoll angestoßen.

Der Kondensator ist ein in der modernen Schaltungstechnik allgemein übliches Element. Tesla benutzte ihn jedoch mit viel mehr Schwergewicht auf seiner Eigenschaft als Energieverstärker und in einem Maß, das heutzutage fast unbekannt ist. Es ist schwierig, handelsübliche Kondensatoren nach Teslas Spezifikationen zu finden. Die Erbauer von Tesla-Spulen und anderen Hochspannungsgeräten müssen gewöhnlich ihre Kondensatoren selbst anfertigen. Zum Glück kann dies unter Verwendung leicht erhältlicher Materialien geschehen.

Die Funkenstrecke

Eine einfache Möglichkeit zur Entladung von Kondensatoren ist die Verwendung einer Funkenstrecke. Der Funkenstrecken-Oszillator besteht lediglich aus einem Kondensator, der seine Energie über eine Funkenstrecke durch die Last (eine Lampe oder dergleichen) entlädt. Die Weite des Spalts zwischen den Elektroden der Funkenstrecke bestimmt den Moment der

Entladung. Sie ist eine der bestimmenden Größen für die Frequenz des Schaltkreises. Die anderen Größen sind die Kapazität und die Reaktanz, oder die „Prell"-Charakteristika, der Last. Das Potential zur Überbrückung des Spalts beträgt Zehntausende Volt. Zur Überwindung des Widerstands eines Spalts von lediglich 6 mm in Luft sind etwa 20.000 Volt erforderlich. Im Spalt muß sich nicht unbedingt Luft befinden. Tesla sagte, daß der Spalt aus einer „isolierenden Schicht" bestünde.

Eine Funkenstrecke ist in Wirklichkeit eine Schaltvorrichtung, ein Halbleiter. Aber die Ausformung des Spalts ist problematisch, insbesondere die des üblichen Luftspalts mit zwei Elektroden. Erhitzung und Ionisierung der Luft verursachen Unregelmäßigkeiten in der Leitfähigkeit und vorzeitigen Funkenübersprung. Derartige Lichtbogenbildungen müssen verhindert werden. Dies kann weitgehend durch Verwendung einer hintereinandergeschalteten Reihe kleiner Luftspalte statt eines großen Luftspalts oder durch Verwendung einer rotierenden Funkenstrecke geschehen. Tesla tauchte den Luftspalt auch in strömendes Öl oder er benutzte ein Gebläse; er fand sogar heraus, daß ein Magnetfeld hilfreich sein kann. Er ersetzte die Funkenstrecke schließlich durch mit hoher Drehzahl umlaufende Rotationsschalter. Einer dieser Schalter besitzt einen in Quecksilber eintauchenden Rotor, während der Kontakt bei einem anderen durch einen Quecksilberstrahl hergestellt wurde.

Eine Funkenstrecke läßt sich auch ohne Kondensator betreiben, indem sie direkt an eine Quelle mit genügend hoher Spannung angeschlossen wird. So funktionieren beispielsweise die Zündkerzen in Automotoren, nämlich mit direkter Versorgung aus der Zündspule (der Kondensator in diesem Schaltkreis dient dazu, die Spannung in der Primärwicklung hochzutreiben). Der Verteiler hingegen arbeitet mit rotierendem Luftspalt, exakt nach Tesla.

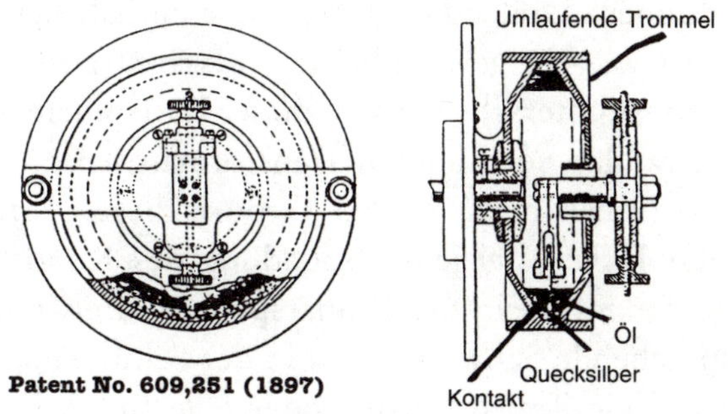

Quecksilberschalter

Die ersten Funkamateure verwendeten Funkenstrecken-Oszillatoren als Sender. Der Kondensator wurde zwar im Regelfall weggelassen, doch mit Kondensator konnte der Sender einen höheren „Aufruhr im Medium“ erzeugen, was einer größeren Leistung gleichkommt.

3. DIE TESLA-SPULE

Die bekannteste Erfindung von Tesla benutzt einen Funkenstrecken-Oszillator, um in einer Spule aus wenigen Windungen eines dicken Drahtes heftige Schwingungen zu erzeugen. Innerhalb dieser Primärspule sitzt eine Sekundärspule mit mehreren hundert Windungen aus dünnem Draht. Die Tesla-Spule enthält keinen Eisenkern wie ein gewöhnlicher Aufwärtstransformator; auch sonst unterscheidet sich dieser Luftspulentransformator radikal von anderen Transformatoren.

In Erinnerungen an die Geburt dieser Erfindung schrieb Tesla: „Bei jeder Entladung des Kondensators bebte der Strom in der Primärspule, und er induzierte entsprechende Schwingungen in der Sekundärspule. So entstand ein Transformator oder eine Induktionsspule nach einem neuen Prinzip. Mit einer perfektionierten Vorrichtung dieser Art sind nun auf einfache Weise elektrische Effekte jeder gewünschten Art und mit bisher unvorstellbaren Intensitäten produzierbar.“ An anderer Stelle schrieb Tesla: „Für die Leistung des Oszillators besteht praktisch keine Grenze.“

Der herkömmliche Aufwärtstransformator (kurze Primärwicklung, lange Sekundärwicklung auf einem Eisenkern) erhöht die Spannung auf Kosten der Stromstärke. Für den Tesla-Transformator trifft dies nicht zu. Er bewirkt tatsächlich eine Leistungsverstärkung.

In seinen Schriften über die Hochleistungsspulen, mit denen er in seinem Labor in Colorado Springs experimentierte, Spulen mit Ausgangsspannungen von über 12 Millionen Volt, sagt Tesla: „Es war für mich eine Offenbarung, als ich herausfand, daß . . . ein einziger, an einem gut isolierten Ausgang austretender starker Entladungsstrahl ohne weiteres eine Stromstärke von mehreren hundert Ampere erreichen kann. Allgemein herrscht hingegen die Ansicht, daß die Stromstärke eines solchen Strahls gering ist.“

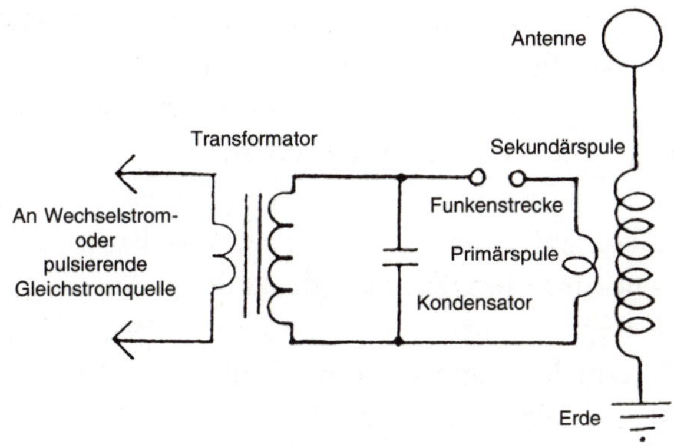

Teslaspule

Funktionsweise

Die dünndrahtige Sekundärwicklung einer Tesla-Spule besitzt ihre eigenen elektrischen Merkmale; diese werden teilweise durch die Drahtlänge bedingt. Wie eine Gitarrensaite bestimmter Länge möchte sie mit bestimmter Frequenz schwingen. Sie wird durch die Primärwicklung induktiv angeregt. Die Schaltung auf der Primärseite besteht aus einer pulsierenden Hochspannungsquelle (Generator oder herkömmlicher Aufwärtstransformator), einem Kondensator, einer Funkenstrecke und der Primärwicklung selbst. Dieser Schaltkreis muß so ausgelegt sein, daß er mit einer zur Eigenfrequenz der Sekundärwicklung passenden Frequenz schwingt.

Die Frequenz der primärseitigen Schaltung ergibt sich aus der Frequenz und der Spannung der Quelle, der Kapazität des Kondensators, der Einstellung der Funkenstrecke und den Eigenschaften der Primärwicklung; letztere hängen teilweise von der Wicklungslänge ab. Nachdem alle primärseitigen Komponenten so abgeglichen sind, daß sie harmonisch zusammenarbeiten, und die sich dabei ergebende Frequenz geeignet ist, die Sekundärseite auf entsprechende rhythmische Weise anzustoßen, wird die Sekundärseite an deren Ausgang maximal erregt; sie entwickelt dort dann enorme elektrische Potentiale. Wenn diese nicht in Arbeit umgesetzt werden, entweichen sie in der Form einer blaugefärbten Korona oder von Funken und Entladungsstrahlen, die unter krachendem Geräusch auf naheliegende Leiter überspringen.

Im Unterschied zu herkömmlichen Aufwärtstransformatoren werden die Schwingungen nicht durch einen Eisenkern gedämpft, so daß die Sekundärseite eines Tesla-Transformators relativ frei und unbehindert schwingen kann. Die von der Primärseite kommenden Impulse wirken so, als wenn man eine Kinderschaukel anstößt. Wenn es im Rhythmus jeweils gerade am Zyklusende geschieht, werden die Schaukelbewegungen immer größer. Gleichermaßen können auch die Amplituden der elektrischen Schwingungen der Sekundärseite durch richtige zeitliche Abstimmung auf unglaubliche

Höhen, auf Spannungen von Millionen Volt, gebracht werden. Dies ist das Phänomen der Resonanz.

Von Menschen erzeugte Erdbeben

Tesla war fasziniert von der Resonanz und ihrer Kraft; er führte mit ihr nicht nur elektrische, sondern auch mechanische Experimente durch. In seinem Labor in Manhattan baute er mechanische Vibratoren. Er untersuchte ihre Leistungsfähigkeit, und einer dieser Versuche geriet außer Kontrolle.

Tesla befestigte einen kleinen, aber starken Vibrator mit Druckluftantrieb an einer Stahlstütze. Er vergaß ihn dort und wandte sich anderen Beschäftigungen zu. Währenddessen entstand ein Stück weiter auf der Straße plötzlich ein heftiges Beben; der Straßenbelag platzte, Rohrleitungen brachen, Fensterscheiben zersplitterten, und schwere Maschinen wurden aus der Verankerung gerissen. Der Vibrator hatte die gleiche Frequenz wie die Eigenfrequenz einer tiefen Sandschicht im Untergrund des Gebäudes und löste dadurch ein Erdbeben aus. Bald begann auch das Gebäude, in dem sich Tesla befand, zu beben. Gerade als die Polizei in das Labor eindrang, zerschlug er das Gerät mit einem Vorschlaghammer: Die einzige Möglichkeit, das Experiment schnell zu beenden.

Bei einem ähnlichen Experiment während eines Abendspaziergangs durch die Stadt befestigte Tesla einen batteriebetriebenen Vibrator mit der Größe eines Weckers am Stahlgerüst eines in Bau befindlichen Gebäudes, stellte ihn auf die passende Frequenz ein und brachte das Gerüst zur Resonanz. Es fing an zu zittern, ebenso wie die Erde unter Teslas Füßen. Später meinte Tesla stolz, daß er das Empire State Building mit solch einem Gerät zum Einsturz bringen könne, und, als ob diese Behauptung nicht extravagant genug gewesen wäre, daß ausreichend große Resonanzschwingungen in der Lage seien, „die Erde zu sprengen".

Über die Tesla-Vibratoren sind keine Einzelheiten bekannt, doch dürften sie einer seiner Freikolbenmaschinen (z.B. Patent Nr. 511.916) ähnlich sein. Mit diesen Maschinen nutzte er die Elastizität von Gasen, so wie seine elektrischen Schwingungserzeuger, unter anderem die Tesla-Spule, die Elastizität des elektrischen Mediums nutzen.

Ein neues Energiesystem

Tesla erfand seinen Resonanztransformator, wie die Tesla-Spule manchmal genannt wird, zur Versorgung eines neuartigen Hochfrequenz-Beleuchtungssystems, wie aus der Patentzeichnung von 1891 ersichtlich ist. Hier handelt es sich um das erste Patent für die Tesla-Spule.

Im Anschluß folgte eine Reihe weiterer Patente entsprechend der Fortentwicklung dieser Vorrichtung. Alle Patente beziehen sich auf bipolare Spulen: Beide Enden der Sekundärspule sind mit dem Arbeitskreis (gewöhnlich Lampen) verbunden, im Unterschied zu den von den Bastlern heutzutage bevorzugten monopolaren Anordnungen mit einer Kugel oder einem anderen Abschlußkondensator am oberen und mit der Erde verbundenem unterem Ende. Der monopolare Aufbau erscheint erst später in den Patenten betreffend den Rundfunk und die drahtlose Energieübertragung, einschließlich des Energiesenders.

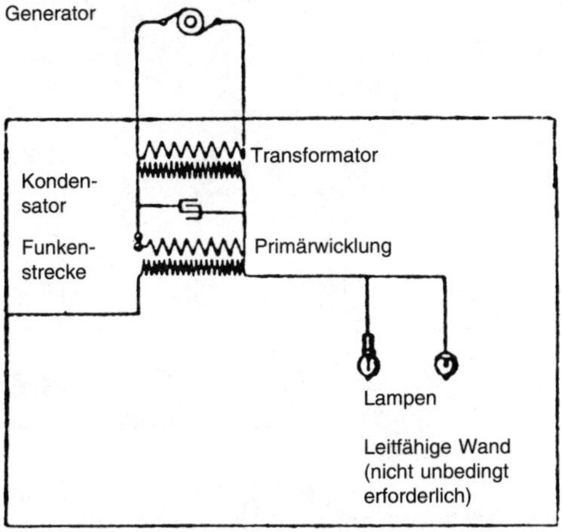

Patent No. 454,622 (1891)

Die Patentzeichnung von 1896 zeigt eine weiterentwickelte bipolare Spule mit Tandemdrosseln zur Speicherung der Energie bis zur plötzlichen Freigabe in den Kondensator, so daß die Vorrichtung mit relativ niedrigen Speisepegeln auskommt. Drosseln sind Spulen auf Eisenkernen. Sie speichern die Energie in der Form von Magnetismus. Wenn der Ladestrom unterbrochen wird, bricht das Magnetfeld zusammen. Dadurch induziert es einen Spannungsstoß in der Spule. Dieser ruft wiederum einen Stromstoß hervor, und der Strom fließt in den Kondensator, um ihn zu laden.

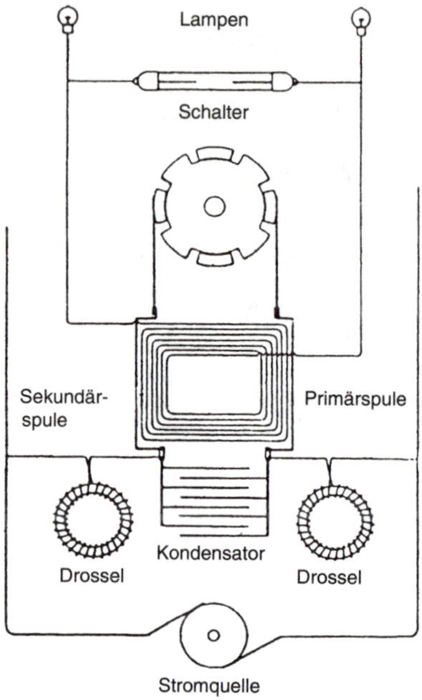

Patent No. 568,176 (1896)

Bipolare Teslaspule

Supraleitfähigkeit

Wechselströme können mit relativ geringen Verlusten über große Entfernungen geschickt werden. Deshalb triumphierte das schon früh von Tesla vertretene 60Hz-System über das Gleichstromsystem von Edison. Die hochfrequente Hochspannung, die eine Tesla-Spule abgibt, läßt sich durch relativ dünne Leiter über noch bei weitem größere Strecken als der übliche 60Hz-Wechselstrom übertragen. Dabei entstehen geringe Verluste infolge der Koronarentladung, doch fast keine aufgrund des Ohmschen Widerstands. Diese Stromart macht auch Materialien leitend, die normalerweise nichtleitend sind, so z.B. verdünnte Gase. Man könnte sagen, daß diese Ströme ein Medium zum „Supraleiter“ machen. Wenngleich Supramagnetismus hier außer Betracht bleibt, da die hochfrequenten Schwingungen durch die Eisenkerne von Elektromagneten zu stark gedämpft werden, ist es heute, wo sich die Wissenschaft über Fortschritte auf diesem Gebiet ständig selbst gratuliert, schon interessant, über die ungenutzten Möglichkeiten der Supraleitfähigkeit für Teslasche Energie nachzudenken.

Vor den jüngsten Durchbrüchen waren Supraleitfähigkeit und Supramagnetismus bei Tiefsttemperaturen auftretende (kryogene) Phänomene. Um sie beobachten zu können, mußten die Vorrichtungen fast bis zum absoluten Nullpunkt abgekühlt werden. Als Ergebnis der Arbeiten bei Tiefsttemperaturen während der letzten zwanzig Jahre hat man neuerdings eine bei weniger drastisch verminderten Temperaturen vorkommende Supraleitfähigkeit entdeckt. Diese Entdeckung mag Tesla zu verdanken sein; er hat eine einschlägige Idee bereits 1901 patentieren lassen. In Teslas Patentschrift ist festgehalten, daß Tiefkühlung von Leitern mit einem Medium wie flüssige Luft „zu außerordentlicher Verstärkung der Schwingungen in einem Resonanzkreis führt“. Man stelle sich die Leistungsfähigkeit einer supragekühlten Tesla-Spule vor!

Da man sich daran gewöhnt hat, hohe Spannungen mit tödlichen Schlägen gleichzusetzen, mag es überraschend klingen zu hören, daß das Produkt einer korrekt abgeglichenen Tesla-Spule, auch wenn es eine Spannung von Millionen Volt aufweist, harmlos ist. Üblicherweise glaubt man, dies sei auf die niedrige Stromstärke (sie ist jedoch hoch) oder auf so etwas wie den Skin-Effekt (der Strom fließt über die Haut anstatt durch den Körper) zurückzuführen. Der wirkliche Grund liegt jedoch in der Art und Weise, wie der menschliche Körper auf die einzelnen Frequenzen reagiert. So, wie man keine Frequenzen von über etwa 30.000 Hz hören kann oder die Augen kein Licht im ultravioletten Bereich oder darüber erkennen können, kann das Nervensystem nicht durch Frequenzen von über etwa 2000 Hz beeinträchtigt werden.

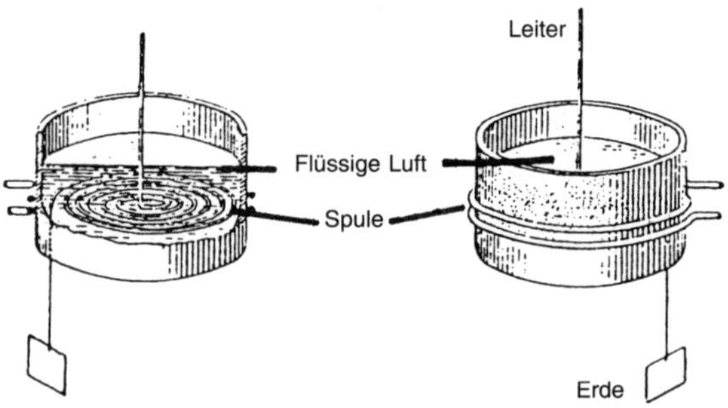

Patent No. 685,012 (1901)

Supraleitfähigkeit

Diese Ströme sind nicht nur harmlos, sondern sie können sogar Gutes bewirken. Auf den heilenden Effekten bestimmter Frequenzen von Tesla-Spulen baut sich ein ganzer Zweig der alternativen Medizin auf. Tesla erkannte den therapeutischen Wert hochfrequenter Schwingungen. Er beantragte in diesem Bereich jedoch keinerlei Patente; vielmehr verbreitete er seine Erkenntnisse unter den Medizinern. Andere meldeten dann eine Reihe von Geräten zum Patent an und vermarkteten sie.

Es wird von Patienten berichtet, deren rheumatische und andere Beschwerden dadurch gebessert wurden, daß man bestimmte Frequenzen auf die schmerzenden Stellen gerichtet hat oder daß sie sich nur im Bereich der von einem Gerät wie dem Lakhovsky-Oszillator erzeugten Schwingungen (ein Gemisch bestimmter Frequenzen) aufhielten. Die Elektrotherapie galt sogar als Hilfe bei einigen Arten der Paralyse. Die Strahlungen verbessern die Blutversorgung im jeweiligen Bereich durch Erwärmung (Diathermie). Sie erhöhen den Sauerstoffgehalt und den Nährstoffanteil des Bluts, verstärken manche Ausscheidungen und beschleunigen die Beseitigung der Abfallprodukte im Blut. Dies trägt alles zur Heilung bei. Die Elektrotherapeuten sprachen sogar von „Hineinfunken von Vitaminen“ in den Körper. Es wurden auch Fälle von rückläufigem Wachstum von Krebsgeschwüren belegt. Lakhovsky sagte voraus, daß „die Wissenschaft eines Tages nicht nur die Natur von Mikroben anhand der Strahlung, die sie erzeugen, sondern auch eine Methode zur Beseitigung von Erkrankungen im Körper durch Strahlung entdecken wird“.

Damals wurden mittels Anzeigen in Publikumszeitschriften und in Versandhauskatalogen Geräte für die Elektrotherapie direkt an die Verbraucher verkauft. Selbstbehandlung war weit verbreitet. Da derartige Behandlungsmöglichkeiten für alle Arten von Erkrankungen so leicht zugänglich waren, bewirkte die institutionelle Medizin schließlich die Unterdrückung dieser Technik.

Gegenwärtig erlebt die Elektrotherapie jedoch weitgehende Wiederanerkennung. In der Chiropraktik und in der Sportmedizin werden niederfrequente Wechsel- und Gleichstromimpulse zur Behebung von Schmerzen und zum Trainieren von Muskeln benutzt. Die Hochfrequenz-Elektrotherapie lebt in Alternativ-Heilpraxen wieder auf. Immer mehr wird erkannt, daß die biologischen Funktionen elektrischer Natur sind und daß manche elektrischen Schwingungen in der Umwelt nützen, während andere schaden. Nachdrucke der Werke von Lakhovsky sind immer zahlreicher zu finden. Die Überzeugung, daß Krebs mittels Hochfrequenztherapie wirksam behandelt werden kann, wächst.

Während der acht Jahre dauernden Periode derartiger Experimente entwickelte Tesla nicht weniger als 50 Spulentypen. Er experimentierte mit Licht- und anderen Vakuumeffekten, einschließlich Röntgenstrahlen. Er arbeitete auch mit neuartigen Formen für die normalerweise zylindrischen Spulen; kegel- und spiralförmige Spulen erbrachten ebenfalls gute Resultate. In Colorado Springs kam Tesla auf unglaublich hohe Leistungen, indem er eine dritte, auf die Resonanzfrequenz der Sekundärspule abgestimmte, Spule verwendete. Nachdem er festgestellt hatte, daß sich auf diese Weise ungeheure

Verstärkungen erzielen lassen, widmete er einen großen Teil seiner Aufmerksamkeit der Einbeziehung dieser „Zusatzspule“, wie er sie nannte, in eine weiterentwickelte übergroße Tesla-Spule, von ihm Energiesender genannt.

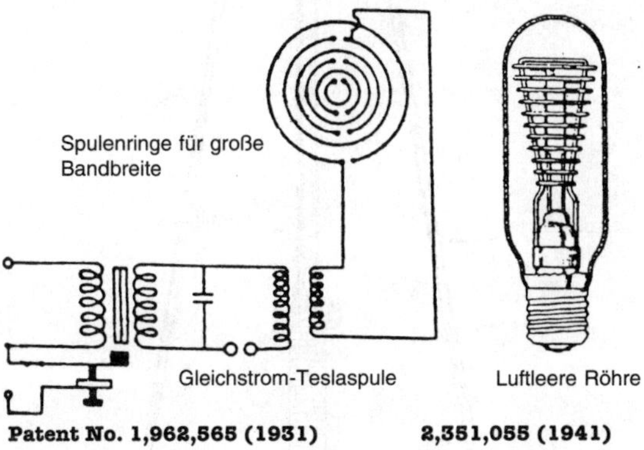

Oszillator großer Bandbreite nach Lakhovsky

4. DER ENERGIESENDER

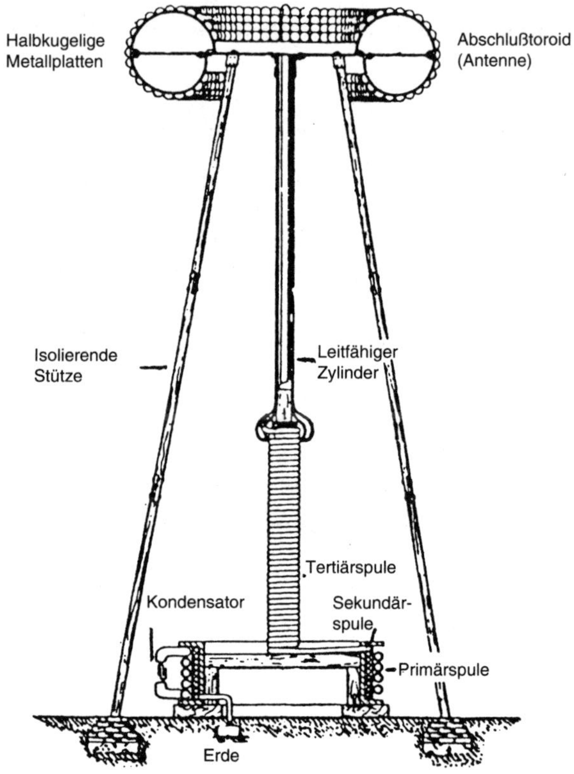

Patent No. 1,119,732 (1902)

1893 sagte Tesla anläßlich eines Kongresses der National Electric Light Association, er glaube, daß es „mittels leistungsfähiger Maschinen möglich sei, die auf der Erde herrschenden elektrostatischen Bedingungen zu beeinflussen und somit informationshaltige Signale, vielleicht auch Energie, zu übertragen". Er meinte, „es könne keiner großen Energiebeträge bedürfen, auf große Entfernung oder sogar überall auf der Erdoberfläche erkennbare Signale zu erzeugen". Die vollendete „leistungsfähige Maschine" für diese Aufgabe ist der Teslasche Energiesender.

Funktionsweise

Eine Zusatzspule wirkt als Resonanzverstärker für die Sekundärwicklung der Tesla-Spule. Sie hat den Vorteil größerer Unabhängigkeit bezüglich der Anordnung. Die Sekundärwicklung muß sich nahe der Primärwicklung befinden und unterliegt daher gewissen örtlichen Beschränkungen; auch werden ihre Schwingungen leicht gedämpft. Die Zusatzspule kann freier schwingen. „Zusatzspulen", schreibt Tesla, „gestatten die Erzielung praktisch beliebiger EMK (elektromotorische Kraft); die Grenzen sind so weit gezogen, daß ich nicht zögern würde, auf diese Weise Funken mit mehreren tausend Metern Länge zu erzeugen."

Die technische Herausforderung des Energiesenders liegt somit darin, dessen „immense elektrischen Aktivitäten, zu messen in Zehn- und sogar Hunderttausenden Pferdestärken", zu konzentrieren und auf geeignete Weise auszustrahlen, wie Tesla es ausdrückt. Konzentrierung und effiziente Ausstrahlung solcher Energien ist das einzige Ziel der abgebildeten Konstruktion; Tesla hat sie 1902 zum Patent angemeldet.

Die dickdrahtige Primärwicklung ummantelt die Sekundärwicklung am Fuß des Turms. Die Zusatzspule befindet sich darüber; sie ragt nach oben und ist unter einer Abdeckung mit einem leitfähigen Zylinder verbunden. Die Antenne ist als Toroid ausgebildet und weist damit das Maximum an Oberfläche bei vergleichsweise geringster elektrischer Kapazität auf. Da es sich um eine Hochfrequenzeinrichtung handelt, ist möglichst geringe Kapazität wünschenswert. Zur Vergrößerung der Abstrahlfläche ist die Außenseite des Toroids mit halbkugelig gewölbten Metallplatten bedeckt. Eine Feinheit der Konstruktion besteht darin, daß der Radius des leitfähigen Zylinders größer als derjenige der Wölbung dieser Platten ist, da bei kleinerer Biegung Energie entweichen könnte. Der Zylinder ist poliert, um Verluste aufgrund von Oberflächen-Unregelmäßigkeiten möglichst gering zu halten. In der Mitte der oberen Platte sitzt ein mit einer Spitze versehener Deckel; er dient als Sicherheitsventil bei Überlastung, so daß „die hochenergetische Entladung dort hinausdringen und sich harmlos in der Luft verteilen“ kann. Tesla rät, die Energie langsam und vorsichtig zu erhöhen, damit sich an keiner Stelle unterhalb der Antenne Druck aufbauen kann, denn dann „dürfte ein explodierender Feuerball die Stützen und alles andere im Weg befindliche zerstören“, ein Vorfall, der „mit unvorstellbarer Wucht abliefe“. Die Stromstärke in der Antenne könnte Werte von unglaublichen 4000 Ampere erreichen.

Wechselstrom/Gleichstrom

Das Endziel der Entwicklungen des Erfinders war die drahtlose Energieübertragung mittels des Energiesenders. Mit seinem Mehrphasensystem hatte er der Welt bereits den Wechselstrom gebracht. Der Vorgänger des Wechselstromsystems war das hauptsächlich von Thomas Alva Edison entwickelte, fabrizierte und vertriebene Gleichstromsystem. Gleichstrom zeigte sich zwar als ausreichend zur Versorgung kleinerer Gebiete, er war aber ungeeignet zur Übertragung über große Entfernungen. Im Gegensatz dazu konnte Wechselstrom über dünnere Leitungen und große Strecken geleitet werden, und seine Spannung ließ sich mittels Transformatoren zur Übertragung heraufsetzen und zum Verbrauch vermindern. Tesla entwickelte von Grund auf eine neue Art von Motoren (Mehrphasenmotore) zum Betrieb an Wechselstrom, und er schuf früh weitgehende Konzepte für Generatoren (Dynamos) zur Erzeugung von Wechselstrom wie auch für Transformatoren zur Herauf- und zur Herabsetzung der Spannung. Während sich der Edisonsche Gleichstrom für eine Gesellschaft kleiner, selbständiger Gemeinden eignete, verlangte das heraufdämmernde System der Industrialisierung nach zentralisierter Energiewirtschaft; es benötigte die Möglichkeit der Energieübertragung über weite Entfernungen, um große, weit verteilte Bevölkerungsgruppen versorgen zu können.

George Westinghouse, ein Erfinder (Druckluftbremse) der, wie Edison, zum Industriellen wurde (nachdem er herausgefunden hatte, daß man auch Herstellung und Vertrieb in die eigenen Hände nehmen muß, wenn man aus einer Erfindung Gewinn ziehen will), erkannte die vielversprechenden Möglichkeiten der diesbezüglichen Teslaschen Erfindungen und tat sich mit ihm zusammen.

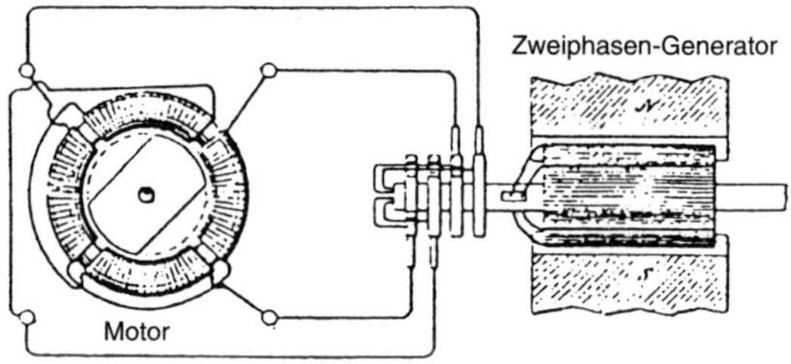

Patent No. 381,968

Mehrphasen-Motor

Westinghouse bezahlte Tesla für die Erfindungen auf dem Gebiet des Mehrphasenstroms eine Million Dollar und verpflichtete sich per Vertrag, darüberhinaus eine Lizenzgebühr von einem Dollar pro Pferdestärke zu entrichten. Späterhin war Westinghouse allerdings gezwungen, die Zahlung der Lizenzgebühren einzustellen. Zusammen triumphierten Westinghouse und Tesla über das Edisonsche Gleichstromsystem, und sie bauten die ersten Wechselstromkraftwerke; das bemerkenswerteste davon war die Wasserkraftanlage in Niagara Falls.

Tesla glaubte an Wasserkraft. Sein endgültiges drahtloses Energiesystem mit Energieverstärker sollte durch Wasser angetrieben werden.

Das heute vorhandene zentralisierte Wechselstromnetz wurde in allergrößtem Maßstab von den Kraftwerksmagnaten der damaligen Ära gewalttätig ins Leben gerufen. Der hervorragendste dieser Magnaten war Samuel Insull; er war in manchen Kreisen berüchtigt dafür, wie er die Kleininvestoren massiv prellte, und in anderen berühmt dafür, wie er den jetzt existierenden Kraftwerkskomplex zusammenschmiedete. Dieser Komplex hat sich zu einem staatlich geschützten Monopol mit mehr Kapitalbesitz als jede andere Industrie in den Vereinigten Staaten entwickelt. Bezüglich der Nutzung der Energiequellen verlor die Teslasche Wasserkraft mit weitem Abstand hinter der Verbrennung fossiler Brennstoffe, hinter einem Prozeß, der jährlich 24 Millionen Tonnen Verunreinigungen in die Luft über dem Land bläst. Wasserkraft erzeugt sogar weniger Kilowattstunden als Kernkraft. So verging ein weiterer Teslascher Traum.

Zu den Hochzeiten der Geschichte des Mehrphasenstroms war Tesla eine Berühmtheit. Heutzutage ist er jedoch eine Kultfigur des Untergrunds, bekannt für seine radikal fortschrittlichen Erfindungen hinsichtlich Energieverstärkung, Freier Energie und drahtloser Energieübertragung. Solche Erfindungen haben natürlich keinen Platz im etablierten System.

Drahtgebundene Energieübertragung

Vor seinen Erfindungen zur drahtlosen Energieübertragung patentierte Tesla im Jahr 1897 ein Hochfrequenzsystem zur drahtgebundenen Übertragung von

Energie. In einem derartigen System sollten alle bisherigen in den Schatten stellende Energiepegel vorkommen. Tesla bemerkt, daß Energien herkömmlicher Art die Anlagen bei diesen Spannungen zerstören würden, dieses System aber die Energie nicht nur beherrschen könne, sondern im Betrieb völlig harmlos wäre.

Das System stellt keinen geschlossenen Kreis im üblichen Sinne dar, sondern es arbeitet mit nur einer Leitung ohne Rückleitung und weist sowohl sende- wie auch empfangsseitig Tesla-Spulen der vertrauten Art auf. Der Primärkreis (Speisequelle, Kondensator, Funkenstrecke) wird in der Abbildung durch das Symbol für einen Generator dargestellt. Die Sekundärwicklung hat die Form einer flachen Spirale. Ein Vorteil dieser Spulenkonstruktion besteht darin, daß in der Nähe der Primärwicklung, wo Überschläge auftreten könnten, die Spannung gleich Null ist; sie nimmt gegen das Spuleninnere auf immer höhere Werte zu. Die gleiche Patentschrift zeigt eine kegelförmige Sekundärwicklung mit an der Kegelbasis – mit dem Potential Null – angeordneter Primärwicklung.

Drahtlose Energieübertragung

Die Abbildung in der Teslaschen Patentschrift für drahtlose Energieübertragung sieht ähnlich aus wie die in der Patentschrift für drahtgebundene Energieübertragung, jedoch ersetzen nun kugelförmige Antennen die Übertragungsleitung. Diese wurde weggelassen, fast als ob sie überflüssig sei. Die Kugelantenne ist teslatypisch, wie der Toroid, und man wundert sich, weshalb seither nichts Vergleichbares aufgekommen ist.

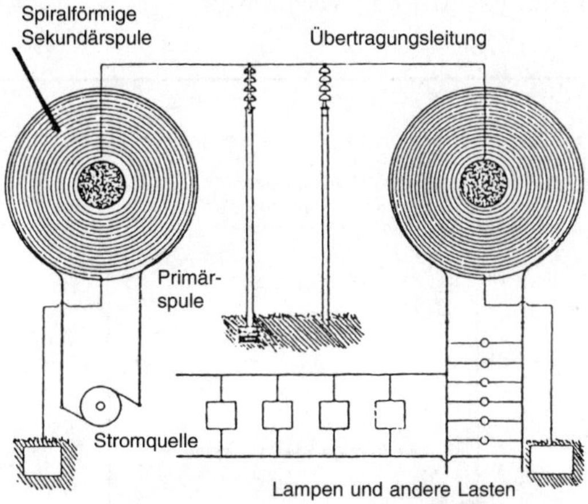

Patent No. 593,138 (1897)

Leitungsgebundene Energieübertragung

In diesem Patent von 1900 arbeitet die drahtlose Energieübertragung nicht mit Erdresonanz. Hier spricht Tesla von Übertragung durch „höhere Schichten"(Ionosphäre). Die Patentschrift enthält eine umfangreiche Diskussion darüber, wie verdünnte Gase in der oberen Atmosphäre gut leitend werden, wenn „viele Hunderttausend oder Millionen Volt" angelegt werden. Als Vehikel, um die Antennen in die Höhe zu schicken, werden Ballons vorgeschlagen.

Man muß sich bewußt sein, daß Tesla mit der dieser Patentschrift zugrundeliegenden Erfindung nichts weniger als das Prinzip des Rundfunks geschaffen hat. Tesla konnte nur einen quantitativen Unterschied zwischen der drahtlosen Übermittlung von Funksignalen und derjenigen von Energie sehen. In beiden Fällen sind mittels Tesla-Spulen aufeinander abgeglichene Sende- und Empfangsstationen vorhanden.

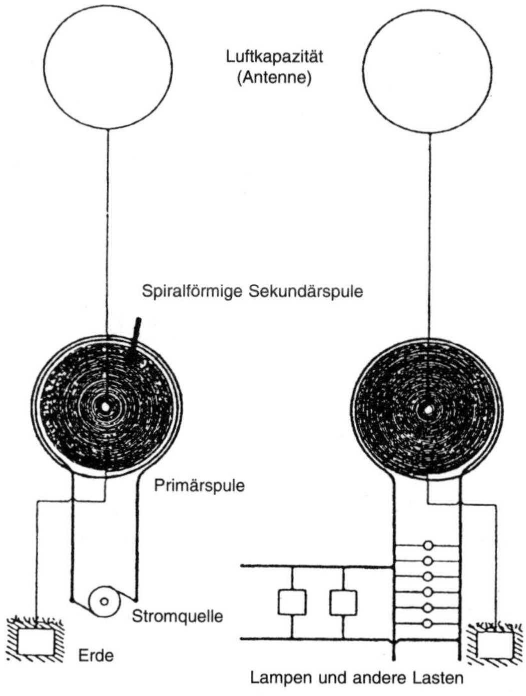

Patent No. 645,576 (1900)

Drahtlose Energieübertragung

Die drahtlose Energieübertragung nach Tesla bildete das bis zum Äußersten zentralisierte elektrische Versorgungssystem, der Traum jedes Kapitalisten, wenn nicht die Technik zu einfach wäre. Zum Empfang der Energie bräuchten bloß eine Antenne und eine Erdung eingerichtet sowie eine einfache Tesla-Spule dazwischengeschaltet zu werden. Tesla hat zwar selbst eine Reihe von Energieverbrauchszählern für hohe Frequenzen patentiert, doch wäre es für den Verbraucher zu einfach, sich kostenlos einzumogeln, genau wie heutzutage viele mit wesentlich komplizierteren, illegalen Geräten schwarz am Fernsehen teilnehmen. Es ist deshalb kein Wunder, daß die etablierte Kraftwerksindustrie diese Erfindung nicht begrüßt hat. Das war das eine Problem. Ein anderes Problem war, daß das existierende Stromnetz und vielleicht sogar das etablierte politische Machtsystem auf einem riesigen Schrotthaufen landen würden. Teslas ausgesprochene Vorstellung war die Ausnutzung der Wasserkraft, wo vorhanden, und die Befreiung der Welt von der Armut mittels drahtloser Verbreitung der Energie über die ganze Erde. Ein solches Vorhaben wird von Kräften, deren Macht sich auf Armut und Schwäche der Völker stützt, nicht gerade mit offenen Armen willkommen geheißen. Die zentralisierte Kontrolle über die Energieversorgung wie auch über andere Ressourcen gilt natürlich als unabdingbar für zivilisierte Herrschaft, zumindest soweit das Nachdenken über dieses Thema dahingehend fortgeschritten ist. Darüberhinaus gab und gibt es kein supranationales System, das eine Technik mit derartigen globalen Folgen durchsetzen konnte oder könnte.

Tesla war blind für solche Überlegungen. Dank seines Engagements, seiner alles andere in den Hintergrund drängenden Wertsetzungen als technischer Purist führte er die technischen Möglichkeiten bis zur logischen Schlußfolgerung.

Wenn heutzutage die drahtlose Energieübertragung ernsthaft zur Debatte stünde, gäbe es zumindest noch ein politisches Problem, das zu Teslas Zeiten noch keine Rolle gespielt hat: Den Widerstand der Umweltschützer. Was würde ein Umweltverträglichkeitsbericht zum Thema biologische Gefahren sagen? Die Umweltschützer haben sowohl ein Unterwasser-Kommunikationssystem der Marine, das mit extrem niedrigen Frequenzen (ELF) bis unter 10 Hz arbeitet, wie auch Mikrowellensysteme (Funktelefon) und das 60 Hz-Hochspannungsnetz bekämpft – und das zumindest teilweise zu Recht.

Technische Einzelheiten

Patentschriften enthalten normalerweise nicht viele quantitative Angaben. Diejenige von Tesla betreffend drahtlose Energieübertragung liefert jedoch einige Daten über den großen Prototyp einer Tesla-Spule für die Energieübertragung (er wurde, nebenbei, auch zu Zwecken einer Demonstration vor skeptischen Patentprüfern benutzt). Ein 50.000 V-Transformator lud einen Kondensator mit einer Kapazität von 0,004 mF (Millifarad, Einheit der Kapazität); dieser entlud sich über eine rotierende Funkenstrecke mit 5.000 Unterbrechungen pro Sekunde. Die Primärwicklung mit einem Durchmesser von 2,44 m bestand aus nur einer Windung aus einem stabilen vieladrigen Kabel, die Sekundärwicklung, in Form einer flachen Spirale, hatte 50 Windungen aus gut isoliertem Draht (4 mm Durchmesser). Sie schwang mit 230.000 bis 250.000 Hz und erzeugte 2 bis 4 Millionen Volt.

Die weiterentwickelte Spule fand schließlich Verwendung in dem gewaltigen Energiesender, den Tesla in seinen Notizen aus Colorado Springs beschreibt. Der Sender war in einem speziell erbauten Labor von 33 x 33 m Grundfläche untergebracht und wurde mit einem 50.000 V-Transformator von Westinghouse zum Laden des Kondensators betrieben. Letzterer bestand aus einem mit Salzwasser als Elektrolyt gefüllten galvanisierten Becken. In das Becken tauchten große Glasflaschen, ebenfalls mit Salzwasser gefüllt. Das Salzwasser im Becken war die eine „Platte" des Kondensators, während dasjenige in den Flaschen die andere „Platte" bildete. Es wurden Versuche mit schrittweise veränderten Kapazitäten durchgeführt und dazu mehr oder weniger Flaschen angeschlossen. An die Primärwicklung mit 2 Windungen gut isolierten, um die Basis des riesigen zaunartigen Rahmens der Sekundärwicklung herumgeführten Kabels war eine veränderbare Abgleichspule mit 20 Windungen angeschlossen. Die Sekundärwicklung wies 24 Windungen aus 4 mm-Draht und einen Durchmesser von 15,55 m auf. Es wurde mit mehreren Zusatzspulen experimentiert; die Endversion war 3,66 m hoch, bei einem Durchmesser von 2,44 m, und besaß 100 Windungen aus 4 mm-Draht. Die Antenne, ausgeführt als Kugel aus leitfähigem Material mit 76 cm Durchmesser, befand sich höhenverstellbar auf einem 43,4 m hohen Mast. Der gewaltige Sender erzeugte Frequenzen von 45 bis 150 kHz.

Trotz des großen Transformators dürfte die Materialliste für unternehmerische Leute nicht zu umfangreich sein, und die Technik ist auch nicht zu anspruchsvoll, so daß es kaum verwundert, wenn einige Leute sich zusammengetan haben, um ohne Unterstützung durch Firmen oder Politiker Energiesender zu bauen und mit drahtloser Energieübertragung zu experimentieren. Eine solche Gruppe gründete in den späten 70er Jahren in Zentral-Minnesota das People's Power Project. Die Gruppe, hauptsächlich Farmer, wehrte sich gegen den Bau von Hochspannungsleitungen über ihr Land und begann, eine Alternative herzustellen. Aufgrund der Lückenhaftigkeit der damals verfügbaren Informationen wurde das Projekt zum Mißerfolg. Ein weiterer Versuch mit dem Namen Project Tesla ist zur Zeit in Colorado in Arbeit. Project Tesla soll die Teslaschen Experimente zur drahtlosen Energieübertragung anhand genauerer Berechnungen und mit erfahrenerem Personal wiederholen sowie Teslas Theorie durch Messungen an unterschiedlichen Orten überprüfen.

Erdresonanz

In Colorado Springs waren unter anderem die in dieser Region auftretenden häufigen und sensationellen Gewitter von besonderem Interesse. Für Tesla war ein Blitz ein fröhliches Vorkommnis. Biographen berichten, daß Tesla nach seiner Rückkehr an die Ostküste die Fenster seines New Yorker Labors aufriß und sich für die Dauer eines Gewitters auf ein Sofa legte, wobei er ekstatisch mit sich selbst sprach. In Colorado Springs verfolgte er die Gewitter, wozu er einen primitiven Radioempfänger auf die Gewitterfrequenzen abstimmte.

Er stellte dabei fest, daß der Blitz eine Schwingungserscheinung ist und in der Erde in Resonanz schwingende Stehwellen, deren Frequenz der elektrischen Kapazität der Erde entspricht, erzeugen. Die Erdresonanzfrequenz, so fand er, war die ideale Frequenz für die drahtlose Energieübertragung, und er glich den Energiesender der letzten Entwicklungsstufe demgemäß ab.

Die Literatur enthält zahlreiche Angaben über die genaue Frequenz. An einigen Stellen werden 150 kHz genannt; dies läge im oberen Bereich des Senders von Colorado Springs. Andere wiederum nennen beträchtlich niedrigere Werte von 11,78 Hz und 6,8 Hz, Frequenzen, die Teslas Sender als Subharmonische (Untertöne) abgegeben haben mag.

Durch Verstärkung aufgrund der Erdresonanz dürfte die Energie im Verlauf der Übertragung tatsächlich zunehmen.

Im Verlauf eines denkwürdigen Experiments mit dem Sender in Colorado Springs verschoß Tesla mit der Antennenkugel Blitze von über 40 m Länge; der Donner konnte noch in knapp 25 km Entfernung gehört werden. Dabei verbrauchte er so viel Strom, daß der städtische Stromgenerator durchbrannte. Während eines weiteren Experiments brachte er drahtlos über eine Entfernung von 42 km vom Labor eine Reihe von Glühlampen mit einer Gesamtleistung von 10.000 Watt zum Leuchten.

Zwei Jahre nach Colorado Springs meldete Tesla den am Anfang des Kapitels abgebildeten, erheblich verbesserten Energiesender zum Patent an. Das Patent wurde erst ein Dutzend Jahre später erteilt. In der Patentschrift spricht Tesla nicht mehr von der drahtlosen Energieübertragung durch die „oberen Schichten" der Atmosphäre, sondern von einem „geerdeten Resonanzkreis".

Tesla sagte voraus, daß sich sein Energiesender als „von höchster Bedeutung und von höchstem Wert für zukünftige Generationen" erweisen, daß er eine „industrielle Revolution" auslösen und daß er große „humanitäre Errungenschaften" ermöglichen würde. Stattdessen führte der Energiesender, wie wir sehen werden, zum Niedergang der technischen Umsetzung Teslas zukunftsweisender Ideen.

Geerdeter Sender

Unterstützt durch den Bankier J. P. Morgan, begann Tesla kurz nach seiner Rückkehr von Colorado Springs in Wardencliff in der Nähe von Shoreham, Long Island (Ostküste USA), mit dem Bau des Turms für einen verstärkenden Energiesender. Der Turm hatte zwar große Ähnlichkeit mit einem Energiesender und sollte auch weiteren Experimenten in diesem Bereich dienen, war aber speziell als erste Station des von Tesla vorgeschlagenen Welt-Funksystems gedacht. Das System sollte Programme für die allgemeine Öffentlichkeit senden wie auch der privaten Nachrichtenübermittlung dienen. Tesla war der erste, der die Versorgung der Öffentlichkeit mit Nachrichten und Unterhaltung auf dem Weg des Rundfunks anregte. Bis dahin war nur mit gerichteter Signalübertragung experimentiert worden. Das vollständig ausgebaute System sollte als drahtloses Mehrfrequenz-Übertragungssystem alle Telephon-, Telegraphen- und Fernschreibdienste auf der ganzen Welt

Der Sendeturm in Wardencliff.

Geplantes Aussehen des Wardencliff-Turms.

übernehmen. Multiplextechniken sollten innere Sicherheit und Störungsfreiheit der privaten Nachrichtenübermittlung sicherstellen. Der gigantische Sender sollte auch Universalzeit-, Navigations- und Bildsignale übertragen. Dies war im Jahr 1902. Wie noch zu sehen sein wird, fanden die umfangreichen Beiträge Teslas zum Rundfunkwesen bis heute kaum Anerkennung.

Die stabile Holzkonstruktion des Turms in Wardencliff, entworfen von Stanford White, ragte 57 m in die Höhe. Sie trug eine pilzförmige Kappe mit einem Durchmesser von 21 m. Ein separates Backsteingebäude am Fuß nahm den Generator und andere Gerätschaften auf. Das gesamte Projekt sollte eine Fläche von über 8 ha bedecken und Wohnungen für 2.000 Mitarbeiter umfassen. Tesla schätzte, daß der Sender „einen Wellenkomplex mit einer maximalen Gesamtleistung von ca. 7,5 MW“ abstrahlen würde. An der Turmspitze befand sich eine Plattform, vielleicht zur Aufnahme leistungsfähiger Ultraviolettlampen für Experimente mit einem Richtstrahlsystem zur Übertragung elektrischer Energie entsprechend Teslas Überlegungen. Die Turmkonstruktion und das Gebäude waren zwar erstellt und teilweise ausgestattet, jedoch nie in Betrieb genommen worden (vgl. letzter Teil dieses Kapitels).

Vater des Rundfunks?

Wie gesagt wurde, hatte Tesla zunächst Dynamos als Oszillatoren verwendet. Nachdem er jedoch festgestellt hatte, daß er damit keine höheren Frequenzen erreichen konnte, begann er mit der Entwicklung des Funkenstreckenoszillators, der Tesla-Spule und des Energiesenders. Aber wurde eine dieser Vorrichtungen als erste für den Übersee-Rundfunk benutzt? Leider nicht. Ironischerweise arbeitete der erste kommerzielle Überseesender, betrieben von RCA, mit einem General-Electric-Alexanderson-Wechselstromgenerator mit einer Frequenz von 21,8 kHz, eine direkt auf den frühen Teslaschen Dynamo aufbauende Konstruktion. Das war Teslas Erfinderschicksal.

Die offizielle Geschichte gesteht Tesla in der Tat zwar häufig das Mehrphasensystem zu, ignoriert aber seine späteren Erfindungen insgesamt oder verurteilt sie als Werk eines Spinners. Unter denjenigen, die ernsthafte Untersuchungen über ihn veröffentlicht haben, besteht allerdings hundertprozentige Übereinstimmung darüber, daß Tesla um den ihm zustehenden Platz in der Geschichte betrogen wurde, insbesondere was seine Stellung als führender Erfinder auf dem Gebiet des Rundfunks anbetrifft.

Einfaches Radio

Die frühen Rundfunkgeräte sind faszinierend und sind es wert, sich mit ihnen zu befassen, und sei es nur darum, weil sie uns bewußt machen, daß diese mächtige Technik so einfach und jedermann zugänglich sein kann, auch bei der Komplexität der modernen Mikroschaltkreise.

Wie erwähnt, benutzten die Amateure als Sender weitestgehend zunächst keine Wechselstromgeneratoren, sondern Funkenstreckenoszillatoren. Zum Senden brauchten sie lediglich eine Batterie, eine Morsetaste, eine Induktionsspule, eine Funkenstrecke, ein Stück Draht als Antenne und eine Erdung. Und natürlich konnten sie durch Zusatz eines Kondensators die Leistung erheblich vergrößern.

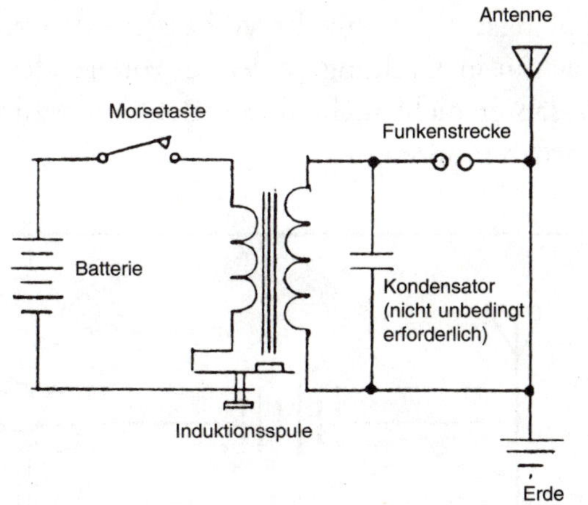

Funkenstrecken-Sender

Die allerersten Experimentalempfänger hatten Funkenstrecken. Funken waren Anzeichen für eine Veränderung im Medium. Der nächste Entwicklungsschritt führte zum Kohärer (Fritter). Ein Kohärer ist einfach ein waagrecht angeordnetes Glasröhrchen, gefüllt mit Metallspänen (Eisen, Nickel). Er wird in Reihe zu einer Batterie und einem Summer geschaltet und liegt außerdem mit einer Seite an der Antenne, mit der anderen an

Erde. Der Kohärer ist ein Schalter (eigentlich ein Halbleiter), der bei Veränderungen im Medium leitend wird. Die Leitfähigkeitsschwelle dieses schon fast leitfähigen Materials wird durch die Hochfrequenzenergie herabgesetzt. Um den Kohärer auf den Sperrzustand zurückzubringen, ist leichtes Beklopfen von Hand oder durch eine mit dem Summer verbundene Mechanik erforderlich. Tesla klinkte sich etwa in diesem Stadium in die Empfangstechnik ein. Er verbesserte den Kohärer, indem er ihn in Drehung versetzte (rotierender Kohärer), so daß er nicht mehr durch Beklopfen zurückgestellt werden mußte.

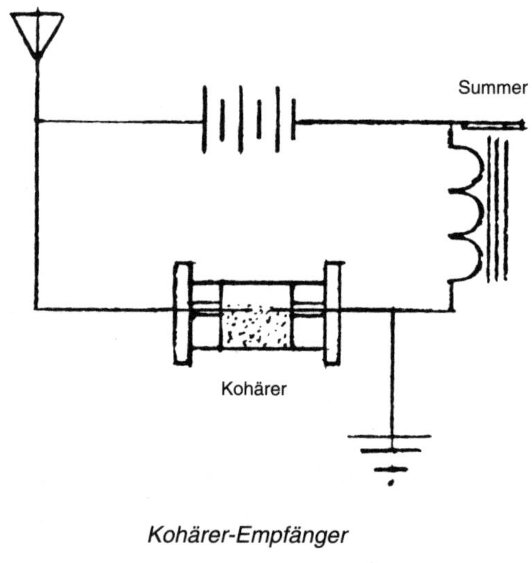

Kohärer-Empfänger

Abgleichbares Radio

Der Funkenstreckensender konnte die Frequenz der Veränderung nicht beeinflussen. Er gab ein schmutziges Gemisch von Frequenzen, bestehend aus einer mehr oder weniger exakt eingehaltenen und durch die Spaltweite der Funkenstrecke bestimmten Grundfrequenz sowie parasitären Schwingungen, Harmonischen, Zufallsimpulsen ab. Der Kohärer sprach auf jede Veränderung an. In Colorado Springs benutzte Tesla einen rotierenden Kohärer zur Verfolgung von Gewittern.

Der gefeierte Marconi arbeitete auch nur mit dieser primitiven Methode der Signalübermittlung. Warum ist er dann so berühmt? Weil er, wie Edison und Westinghouse, ein Unternehmen auf dieser Erfindung aufbaute und sich mit der Werbung für dieses Unternehmen selbst berühmt machte. Die Firma von Marconi wurde schließlich in die RCA (Radio Corporation of America, inzwischen selbst zu General Electric gehörend) eingegliedert. Er schuldete einen Großteil seiner technischen Entwicklungen Ideen, die er von Tesla übernommen hatte.

Teslas Beitrag war nichts Geringeres als die Erfindung des selektiven Abgleichs durch Weiterentwicklung des Prinzips der Resonanzkreise gemäß seinem Patent für die Tesla-Spule von 1896 und der Prinzipien der aufeinander abgeglichenen Sende- und Empfangskreise gemäß seinem Patent für drahtlose Energieübertragung aus dem darauffolgenden Jahr.

Die Tesla-Spule bildet einen leistungsfähigen und einfachen Rundfunksender. Wenn der Primärschaltkreis gleichmäßig mit einer Frequenz weit oberhalb des Niederfrequenzbereichs schwingt, kann das Signal durch Veränderungen an bestimmten Schaltkreiselementen sogar zur Sprachübertragung moduliert werden. Die wenigen veröffentlichten, das Thema Modulation betreffenden Notizen Teslas enthalten einige skizzenhafte Beschreibungen von Möglichkeiten zur Veränderung der Spaltweite von Funkenstrecken, aber auch ziemlich genaue Angaben darüber, wie der Kern einer Induktivität mechanisch mit einem Schallwandler verbunden werden kann, um das Signal einigermaßen naturgetreu zu modulieren.

Tesla und seine Anhänger kämpften um die Anerkennung Teslas als den Begründer der Funktechnik. Der Kampf wurde schließlich vor dem Obersten Gerichtshof gewonnen, aber erst kurz nach Teslas Tod.

Tesla und Hertz

Tesla war kein Theoretiker von Hause aus; er machte jedoch eine Menge von Beobachtungen hinsichtlich der elektrischen Natur des Universums und geriet dadurch in Gegensatz zur offiziellen Theorie. Modern war damals (und noch heute) die Theorie von Heinrich Hertz, ein Interpret der Physik von James Maxwell. Hertz erklärte, daß Funkwellen wie Licht Transversalwellen seien. Tesla hingegen war überzeugt, daß Veränderungen, wie sie der Funk erzeugt, Stehwellen (Longitudinalwellen) im Äther sind, wie der Schall in einem stofflichen Medium wie Luft oder Wasser. Wenn ein Kieselstein in das Wasser geworfen wird, sind Veränderungen als Stehwellen in der Form konzentrischer Kreise zu sehen. Sowohl Tesla wie auch Hertz glaubten an die Existenz eines ätherischen Mediums; sie unterschieden sich jedoch hinsichtlich seiner Eigenschaften betreffend die Energieübertragung. Tesla nahm an, daß der Äther ein gasartiges Medium ist, daß die Fortpflanzung der Elektrizität große Ähnlichkeit mit der des Schalls in der Luft hat – „abwechselnd Verdichtung und Verdünnung des Mediums" –, und daß Hertzsche Wellen nur in einem festen Medium vorkommen können. Tesla sagte einmal, daß Hertzsche Wellen „Strahlungen" seien und daß „Energie durch kein solches Agens wirtschaftlich übertragen werden könne". Er meinte: „In meinem System ist der Prozeß ein solcher wirklicher Weiterleitung; er kann über die größten Entfernungen ohne erwähnenswerte Verluste stattfinden."

Als die Quantenphysik und die Teilchentheorie in Mode kamen, wurde der Begriff des ätherischen Mediums völlig aus der Theorie der Elektrizität verbannt. Die Hertzsche Theorie paßte besser zu den neuen Konzepten der Energiefortpflanzung und überlebte deshalb. Im Verlauf der Ausbreitung der neuen Physik wurde die alte Maßeinheit für die Frequenz, nämlich Schwingungen pro Sekunde, zu Ehren von Hertz umbenannt (Hz), während an Tesla nur die weniger bekannte Maßeinheit für die magnetische Flußdichte erinnert.

Hertzsche Funkwellen sind gerade, lichtähnliche Strahlen, die von Hügeln und Bergen abprallen. Die Übertragung von Hertzschen Wellen über große Entfernungen wird damit erklärt, daß die Strahlen an einer reflektierenden oberen, Ionosphäre genannten Schicht gespiegelt würden. Nach Teslas Meinung war dies alles Unsinn; 1919 äußerte er, daß das Denken in Hertzschen

Bahnen „die kreativen Anstrengungen in den Künsten der drahtlosen Technik gelähmt und 25 Jahre lang aufgehalten hat“.

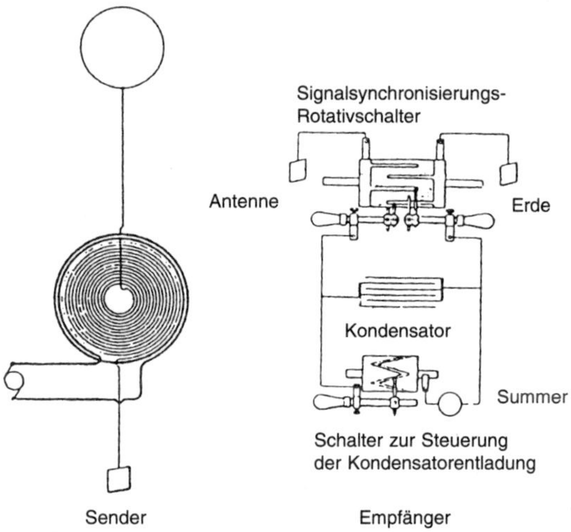

Patent No. 787,412 (1900)

Ein Tesla-Rundfunksystem

Hertzsche Funkwellen verlaufen durch die Luft. Die meisten von uns sind es gewöhnt, in dieser Kategorie zu denken. Teslas Radio ist geerdet; das untere Ende der erregten Spule ist in die Erde versenkt. Das pure Hertzsche Radio weist keine derartige natürliche Last auf. Tesla sprach nicht von der Antenne als solcher; das von ihm am oberen Ende angebrachte Element war eine „obere Kapazität“. Tesla sagte, daß Funkgeräte „mit angemessener Berücksichtigung der physikalischen Eigenschaften dieses Planeten und der auf und in ihm herrschenden elektrischen Bedingungen zu konstruieren" seien.

Das geerdete Radio ist in der Tat leistungsfähiger als die Hertzsche Antenne. Dies gilt insbesondere für die Frequenzen, die Tesla benutzte. Die höheren Frequenzen verhalten sich auf Hertzsche Weise. Doch ist Erdung in der Konsumelektronik alles andere als eine überflüssige Angelegenheit. Bis in die 40er Jahre hatten die Empfänger für amplitudenmodulierten Rundfunk eine Klemme, die an die Wasserleitung oder eine andere Erdverbindung angeschlossen werden sollte. Auch wenn man einen modernen Empfänger erdet und keine Störsignale über die Erde hereinkommen (von Leuchtstofflampen, Dimmern – diese wirken als Oszillatoren – oder einer lokalen Tesla-Spule), werden Signalstärke und Empfangsreichweite gewöhnlich verbessert.

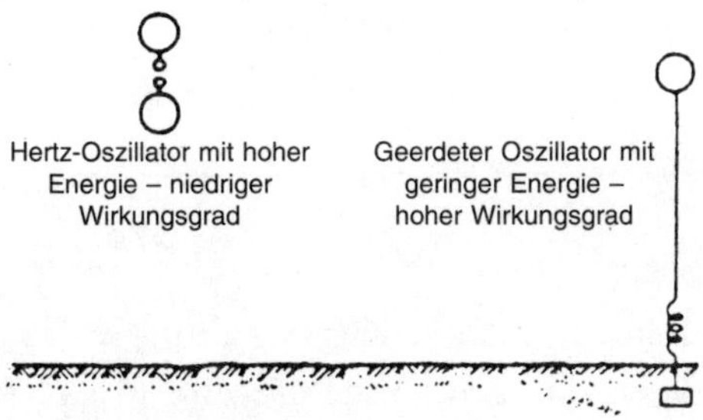

Aus dem Artikel „Der echte Rundfunk" von Tesla (1919)

Hertzscher und Teslascher Rundfunk

Zu den Beiträgen Teslas zur Funktechnik gehört die Fernsteuerung. Tesla führte vor einer größeren Menschenmenge im Madison Square Garden ein ferngesteuertes Boot vor und schickte ein anderes 40 km den Hudson River hoch. Das Radio funktioniert am besten bei Erdung im Wasser.

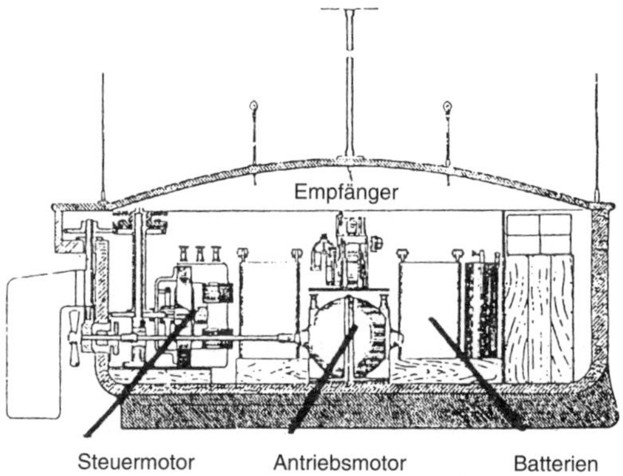

Patent No. 613,809 (1898)

Ferngesteuertes Bootsmodell

Der Teslasche abgleichbare Tank- oder Eingangsschwingkreis im Empfänger (Spule plus Kondensator zwischen Antenne und Erde) ist an sich schon in seiner Grundausführung ein leistungsfähiger Signalverstärker und ein wunderschön einfacher dazu. Mit der Entwicklung im Verlauf der Jahre wurde der Eingangskreis jedoch immer kleiner, mit Verstärkungsverlust als Ergebnis. Den Verlust sollten dann zusätzliche Stufen mit komplexen Verstärkerschaltkreisen ausgleichen. Tesla beobachtete diese Entwicklung mit Befremden.

Tesla wußte, daß die effizienteste Übermittlung über große Entfernungen hinweg bei tieferen Frequenzen, insbesondere bei solchen nahe der Resonanzfrequenz der Erde, stattfand. Vor dem ersten Weltkrieg waren Frequenzen weit unterhalb der Rundfunkfrequenzen die von den Funkamateuren bevorzugten. Damals galten Wellenlängen von 600 m (500 kHz) als „kurz" und solche von 1200 m (250 kHz) als „ziemlich lang". Viele dieser günstigen Frequenzen unterhalb des Rundfunkbands wurden, wie ein günstiges Grundstück, für militärische Zwecke vereinnahmt, aber auch für Navigationszwecke, Wetterstationen und Zeitsignale.

Unterirdisches Radio

Der durch das Konzept des Hertzschen Rundfunks mit Übertragung durch die Luft vorbelastete Geist hat Schwierigkeiten mit der Idee, daß Signalübermittlung auch ohne oberirdische Antennen, vollständig durch die Erde, stattfinden kann. James Harris Rogers nahm um die Zeit des ersten Weltkriegs eine Idee von Tesla auf und baute ein Funksystem, bei dem die Sende- und die Empfangsantenne völlig unterirdisch oder in Wasser angeordnet waren. Dieses System war nach seinen Erkenntnissen bei weitem wirksamer und bei weitem weniger anfällig gegen äußere Störungen als Systeme mit Luftantennen. Die Signalstärke soll 5.000 mal höher gewesen sein.

Das Militär hat diese Möglichkeit aufgegriffen, wie am ELF-System (Extremely Low Frequency – Tiefstfrequenz) der Marine und an einem laufenden Projekt der US-Luftwaffe mit der Bezeichnung GWEN (Ground Wave Emergency Network – Bodenwellen-Notfallnetz) erkennbar. GWEN ist ein Niederfrequenz-Kommunikationssystem zum Einsatz in einem Atomkrieg. Das Netz umfaßt quer über den Kontinent eine Reihe von unterirdischen Kupferdrahtgeflechten mit einem Durchmesser von jeweils ca. 180 m, angeschlossen an Türme mit einer Höhe von ca. 90 m, ähnlich dem Teslaschen Turm in Wardencliff. Zu den Vorteilen des Systems zählt die Unempfindlichkeit gegen die Auswirkungen der elektrischen Impulse, die bei Kernexplosionen ausgesandt werden. Ein derartiger Impuls zerstört mit einem Schlag alle Halbleiterschaltungen elektronischer Geräte im weiten Umkreis. (Starke von einer Tesla-Spule oder einem Energiesender ausgehende elektrische Schwingungen verursachen ähnliche Effekte; Halbleiterschaltungen werden vorübergehend durcheinander gebracht oder unwirksam gemacht, vielleicht sogar ebenfalls ganz zerstört.) Es ist bezeichnend, daß die offiziellen Stellen für die Übermittlung der allerletzten Nachrichten im Fall eines Atomwaffeneinsatzes auf das von Tesla erfundene Untergrundradio zurückgreifen.

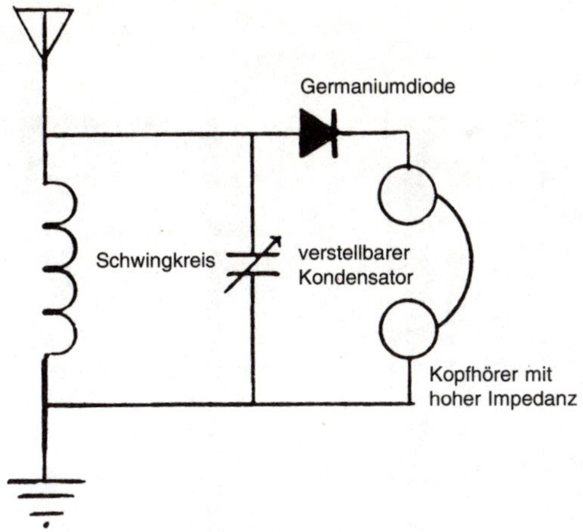

Kristallempfänger

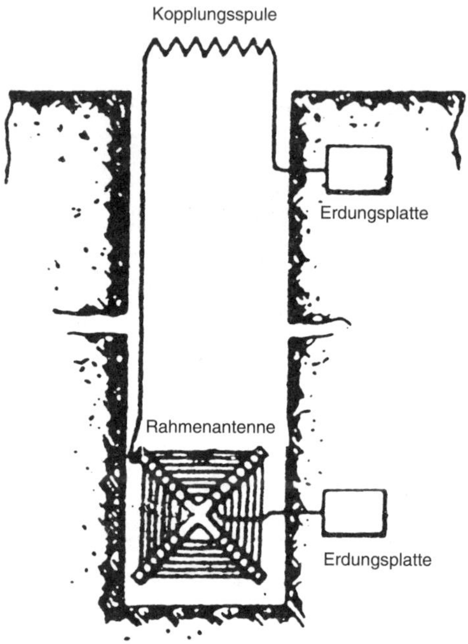

Patent No. 1,315,862 (1918)

Unterirdisches Rundfunkgerät nach Rogers

J. P. Morgan: Teslas Untergang

Teslas ehrgeiziges Ziel eines weltumspannenden Systems kam zu Fall, als sein wichtigster Finanzier, J. P. Morgan, die Hand zurückzog. Morgan, der Finanzgigant hinter der Schaffung vieler Monopole in den Bereichen Eisenbahn, Schiffahrt, Stahl, Bankwesen usw., war während der Ära der Räuberbarone einer der mächtigsten Lotsen für europäisches Kapital in die industrielle Entwicklung der USA. Er warf übermächtige Schatten auf Teslas Leben. Morgansches Geld steckte im Projekt Niagara Falls. Er stand auch hinter Edison. Morgan zwang Westinghouse – diesen finanzierte er ebenfalls – zur Auflösung des „Ein Dollar pro Pferdestärke"-Vertrags mit Tesla, und er hatte die Schuld daran, daß Tesla Millionen an Lizenzgebühren für das Mehrphasensystem verlor.

Nachdem Teslas Labor niedergebrannt war (vermutlich durch Brandstiftung), erschien unverzüglich einer von Morgans Leuten und bot Hilfe an, aber auch eine in Morgans Interesse auszugestaltende Partnerschaft. Falls Tesla sie angenommen hätte, wäre er unwiderruflich unter Morgans Kontrolle geraten. Tesla weigerte sich. Und er konnte seine Selbständigkeit bewahren, bis er von dem unwiderstehlichen Zwang, sich den Traum von seinem weltweiten System zu erfüllen, überwältigt wurde. Tesla hätte dann seine Seele verkauft, um Wardencliff zu finanzieren, und J. P. Morgan stand bereit, sie zu kaufen.

Als Morgan das Konzept der weltweit leicht anzapfbaren Energieausstrahlung begriff, tat er den Ausspruch: „Aber wie sollen wir denn den Verbrauch messen?"; und den nicht zu ermittelnden Kunden dafür bezahlen lassen.

1901 trat Tesla die bestimmenden Anteile an den Verwertungsrechten für die damals noch ganz in seinem Besitz befindlichen Patente an Morgan ab, einschließlich derjenigen für die zukünftigen Patente im Bereich Beleuchtung und Rundfunk. Morgan steckte daraufhin ein Anfangskapital von etwa $ 150.000 in das Projekt

Wardencliff. Später investierte er weitere Beträge, und zwar gerade so viel, daß das Projekt bis kurz vor die Vollendung gedieh. Dann machte er sich rar. Tesla versuchte verzweifelt, mit dem Investor in Verbindung zu kommen, jedoch erfolglos. Sobald in Wall Street bekannt wurde, daß sich Morgan zurückgezogen hatte, wollte niemand mehr mit dem Projekt zu tun haben. Tesla war damit als schöpferischer Erfinder am Ende.

Die Arbeiten am Turm in Wardencliff wurden abgebrochen. Dem Verfall überlassen, war der Turm nur noch eine Sehenswürdigkeit für zufällige Passanten. Während des ersten Weltkriegs wurde er ohne große Umstände in die Luft gesprengt.

5. EMPFÄNGER FÜR FREIE ENERGIE

Anfänger können sich darunter einen photoelektrischen Solarkollektor vorstellen. Teslas Erfindung ist zwar etwas ganz anderes, doch kommt ihm in der konventionellen Technik die Photovoltaik am nächsten. Ein ganz radikaler Unterschied ist der, daß die herkömmlichen Solarkollektoren aus einem mit kristallinem Silizium beschichteten Substrat bestehen. Neuerdings wird amorphes Silizium verwendet. Diese Kollektoren sind teuer, und zu ihrer Beschichtung sind ausgeklügelte Prozesse erforderlich. Teslas „Solarkollektor" hingegen besteht lediglich aus einer glänzenden Metallplatte mit transparenter Beschichtung aus isolierendem Material, zum Beispiel aufgesprühtes Plastik.

Eine dieser antennenähnlichen Platten wird erhöht in der Luft aufgebaut, je höher desto besser, und an einen Kondensator angeschlossen. Die andere Seite des Kondensators wird mit einer guten Erdung verbunden. Nun lädt die von der Sonne kommende Energie den Kondensator. Parallel zum Kondensator wird eine Schaltvorrichtung gelegt, damit sich dieser rhythmisch entladen kann. Nun kann elektrische Energie abgegriffen werden.

Das Teslasche Patent zeigt, wie einfach sich elektrische Energie erhalten läßt. Die Energiemenge hängt von der Tafelgröße ab.

Die Vorrichtung ist jedoch mehr als ein „Solarkollektor", weil sie nicht unbedingt Sonnenschein benötigt, damit sie funktioniert. Sie erzeugt Energie auch bei Nacht.

Natürlich ist dies nach der offiziellen Wissenschaft nicht möglich. Aus diesem Grund gäbe es auf solche Erfindungen heutzutage auch kein Patent. Viele Erfinder mußten es auf drastische Weise erleben. Zwar bekam Tesla mit den Patentprüfern auch seine Probleme, doch heutzutage hat es ein Erfinder im Bereich Freie Energie bei weitem schwerer. Zu Zeiten des US-Präsidenten Reagan beispielsweise wurde das US-Patentamt von einem Beamten geleitet, der direkt aus einer Spitzenposition von Phillips Petroleum überwechselte.

Der Empfänger für Freie Energie wurde Tesla 1901 patentiert als Gerät zur Nutzung von Strahlungsenergie. Die Patentschrift nennt „die Sonne und auch andere Quellen von Strahlungsenergie, wie kosmische Strahlen“. Daß die Vorrichtung auch bei Nacht arbeitet, wird damit erklärt, daß kosmische Strahlen zu dieser Zeit ebenfalls verfügbar seien. Tesla bezeichnet die Erde in diesem Zusammenhang als „ein riesiges Reservoir negativer Elektrizität“.

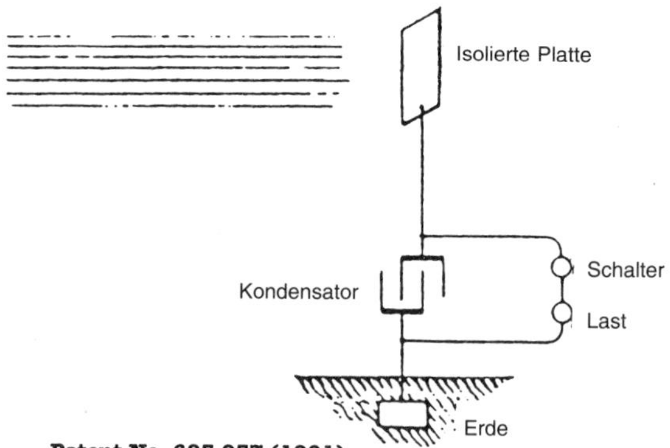

Patent No. 685,957 (1901)

Tesla war fasziniert von der Strahlungsenergie und ihrer freien Verfügbarkeit. Er nannte das Crookessche Radiometer (eine Vorrichtung mit Armen an einer frei drehbaren Achse in einem luftleer gepumpten Kolben; die Arme tragen Fähnchen an den Enden; wenn Strahlung auftrifft, dreht sich das Ganze) „eine wunderschöne Erfindung". Er glaubte, es könne möglich werden, Energie direkt durch „Einkopplung in das allem zugrunde liegende Räderwerk der Natur" nutzbar zu machen. Sein Empfänger für Freie Energie kommt unter seinen patentierten Erfindungen einem derartigen Gerät am nächsten. Aber an seinem 76. Geburtstag kündigte Tesla (er hatte zwar für Patente kein Geld mehr, machte im Kopf jedoch immer neue Erfindungen) anläßlich der rituellen Pressekonferenz einen „mit kosmischer Strahlung betriebenen Motor" an. Auf die Frage, ob der Motor leistungsfähiger als das Crookessche Radiometer sei, antwortete er: „Tausende Male leistungsfähiger."

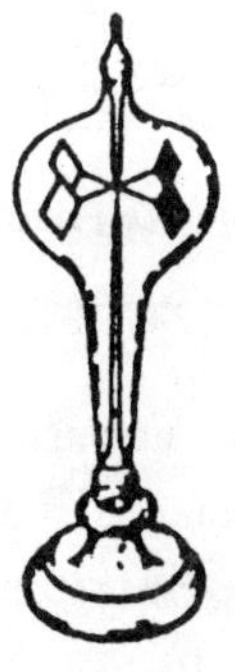

Crooke-Radiometer

Durch das elektrische Potential zwischen der hoch angeordneten Platte (Plus) und Erde (Minus) baut sich im Kondensator Energie auf. Die akkumulierte Energie „führt nach einer bestimmten Zeit zu einer kraftvollen Entladung“, und diese kann Arbeit verrichten. Der Kondensator, sagt Tesla, sollte „erhebliche Kapazität aufweisen“, sein Dielektrikum sollte aus „Glimmer bester Qualität“ bestehen, weil es Potentialen widerstehen muß, die schwächere Materialien nicht aushalten dürften.

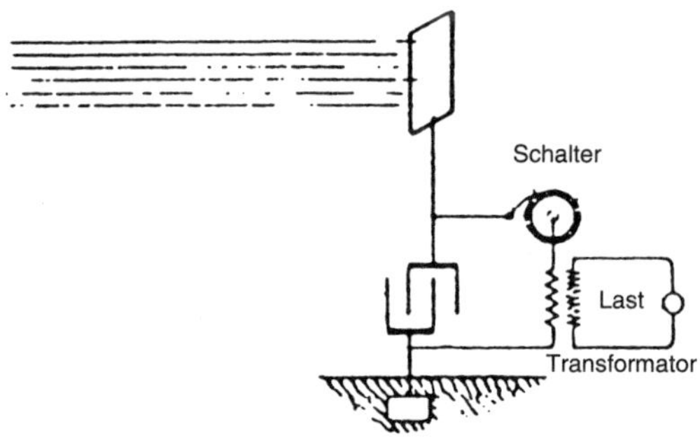

Empfänger für Freie Energie

Tesla nennt mehrere Variationen für die Schalteinrichtung. Eine davon ist ein Rotationsschalter, ähnlich dem im Energiesender benutzten. Eine andere Möglichkeit bildet eine Vorrichtung aus zwei sehr leichten membranartigen Leitern in einem Vakuum. Die Membranen werden durch das sich im Kondensator aufbauende Potential jeweils positiv und negativ geladen, ziehen sich gegenseitig an, kommen in Berührung und lösen somit die Entladung des Kondensators aus. Tesla erwähnt noch eine weitere Schaltvorrichtung, bestehend aus einem kleinen Luftspalt oder einem dünnen dielektrischen Film; bei Erreichen eines bestimmten Potentials tritt plötzlich ein Durchschlag auf.

Oben wurden praktisch alle aus der Patentschrift erkennbaren technischen Einzelheiten angegeben. In der Literatur über Freie Energie sind zwar einige kurze Hinweise auf Teslas Erfindung enthalten, aber keine Versuche zur experimentellen Überprüfung erwähnt.

Der Plausonsche Konverter

Die Teslasche Erfindung mag die vielen anderen Erfinder, die auf dem Gebiet Freie Energie tätig waren und sind, angeregt haben. Mindestens ein Dutzend solcher Erfinder sind bekannt. Einer davon sei besonders ins Auge gefaßt.

1921 erhielt Hermann Plauson, ein deutscher Forscher, mehrere Patente, eines davon in den USA, auf die Umwandlung atmosphärischer elektrischer Energie.

In der Schule wird bei der Einführung in die Elektrizität auch das Phänomen der sogenannten „statischen" (oder elektrostatischen) Elektrizität, von Plauson „atmosphärisch" genannt, behandelt. Statische Elektrizität ist eine aufgebaute Ladung, Elektrizität im Rohzustand; sie kommt in der Natur häufig vor, wie anhand von Blitzen und Nordlichtern erkennbar ist. Wer jemals eine Maschine zur Erzeugung von Reibungselektrizität

(Bandgenerator) in Betrieb gesehen hat, kann sich leicht vorstellen, daß mit künstlich erzeugter statischer Elektrizität ungeheure Potentiale erreichbar sind. Maschinen mit rotierender Scheibe oder mit Seidenband, wie der Van de Graff-Generator, bewirken Entladungen gleicher Mächtigkeit wie die von Tesla-Spulen. Leider wird in der Schule das Phänomen Statische Elektrizität nur kurz gestreift, dann schnell fallengelassen und niemals wieder erwähnt. Danach kommen als Stromquellen nur noch die Steckdose und die Batterie vor.

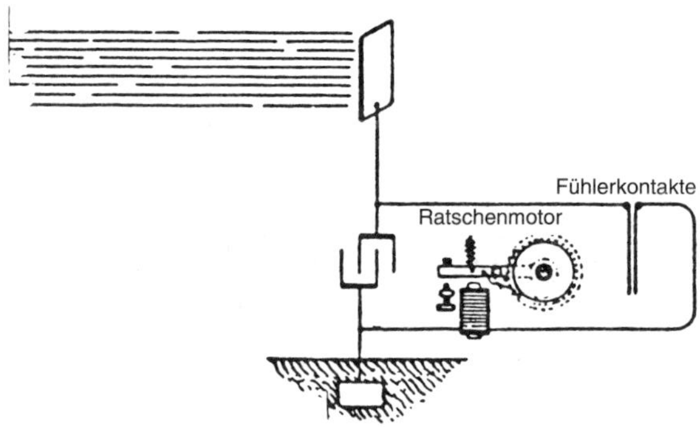

Empfänger für Freie Energie

Funktionsweise

In der von Plauson stammenden Darstellung auf der linken Seite besteht der Konverter für Freie Energie aus einem Scheibenläufer zur Erzeugung statischer Elektrizität mit speziellen kammartigen Abnehmern. Wenn der Scheibenläufer in Umdrehung versetzt wird, greifen die

Abnehmer die Ladung ab, wobei ein Abnehmer positiv und der andere negativ wird. Die Abnehmer laden ihrerseits den jeweils zugehörigen Kondensator auf, bis das Potential ausreicht, die Funkenstrecke zu überbrücken. Da die Entladung als Schwingungsvorgang abläuft, entstehen in der Primärwicklung des Transformators ebenfalls Schwingungen. Der vertraute Funkenstreckenoszillator hat die Ladungsenergie in dynamische Energie umgewandelt. Der Transformator setzt die Hochspannung auf für Beleuchtungszwecke, Heizzwecke und spezielle Hochfrequenzmotore geeignete Werte herab.

Die auf der folgenden Seite abgebildete Zeichnung aus der Plausonschen Patentschrift zeigt eine Vorrichtung, die nach dem selben Prinzip arbeitet, die Energie aber wie der Teslasche Empfänger mittels einer Antenne erfaßt. Da die Leistungsfähigkeit mit der Anbringungshöhe und der Fläche der Antenne zunimmt, bevorzugt Plauson große, metallische, heliumgefüllte Ballone. Plauson sagt, daß der Sicherheitsluftspalt mit einem Widerstand entsprechend dem Dreifachen desjenigen des Arbeitsluftspalts unbedingt notwendig sei, um große Ladungsmengen anzusammeln. Die Kondensatoren parallel zu den in Reihe liegenden Luftspalten sorgen für gleichmäßige Funkenbildung.

Die Vorrichtung von Plauson regt dazu an, die Erfindung von Tesla mittels elektrostatischer Begriffe zu erklären.

Tesla erklärte 1933 auf der Pressekonferenz zu Ehren seines 77. Geburtstags, daß elektrische Energie überall in unbegrenzten Mengen zur Verfügung stünde „und alle Maschinen auf der Welt antreiben könnte, ohne daß

Kohle, Gas und andere Brennstoffe erforderlich wären". Ein Reporter fragte, ob nicht die plötzliche Umstellung auf dieses Prinzip „das gegenwärtige Wirtschaftssystem durcheinanderbringen würde". Tesla antwortete: „Es ist bereits schlimm durcheinander."

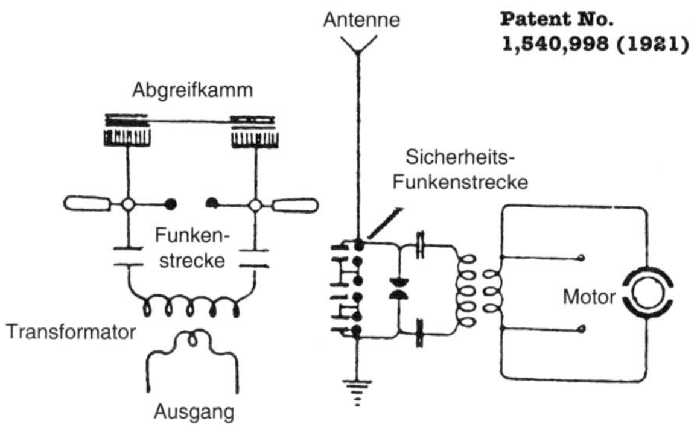

Plauson-Konverter

6. DIE HOCHFREQUENZLAMPE

1891 sagte Tesla, daß die herkömmlichen Methoden der Beleuchtung „sehr verschwenderisch“ seien, daß „einige bessere Methoden erfunden, einige perfektere Vorrichtungen geschaffen werden müssen“. Tesla ging hin und tat genau dies; trotzdem aber leben wir heute in einer Welt, die hauptsächlich durch die unveränderte Edisonsche Lampe beleuchtet wird.

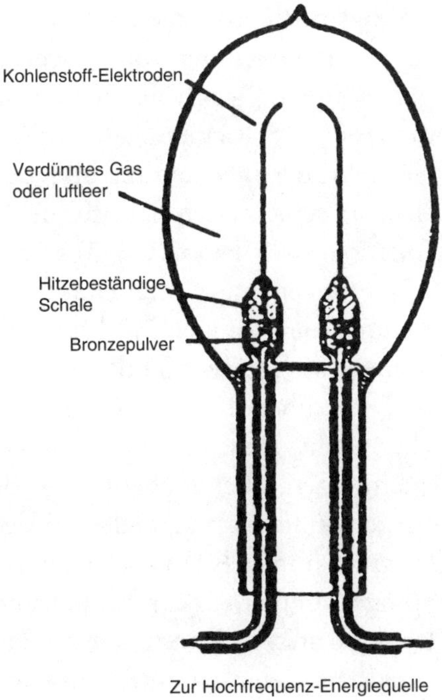

Patent No. 455,069 (1891)

Die Edisonsche Glühlampe hat einen Wirkungsgrad von nur etwa 6 %; der Rest der Energie verschwindet in Form von Hitze, weil der Hochwiderstands-Glühfaden bei 4000 Grad glüht. Schließlich brennt der Glühfaden ohne Vorwarnung durch. Die moderne Leuchtstofflampe geht zwar auf Teslasche Ideen zurück, ist aber auch kein Vorbild an Wirkungsgrad. Bei ihr wird die Innenfläche der Röhre durch energieverbrauchende Kathoden, die ebenfalls zum Durchbrennen neigen, zur Phosphoreszenz angeregt. Die leuchtende Lampe stellt sogar einen totalen Kurzschluß dar, wenn nicht eine Drossel, eine Induktivität, vorgeschaltet ist; diese verbraucht allerdings noch zusätzlichen Strom.

Was Tesla zur Erforschung von Hochfrequenzphänomenen gebracht hat, war seine Überzeugung, daß diese hochfrequenten Schwingungen den Schlüssel für eine überlegene Art der Beleuchtung bildeten. Er unternahm dabei nicht seine ersten Schritte in dieser Richtung. Sein allererstes US-Patent (1885) galt der Verbesserung der Lichtbogenlampe. Er benutzte einen Elektromagneten zur gleichmäßigen Nachführung der Kohlestäbe, um einen stetigeren Lichtbogen (Nr. 335.785) zu erhalten. Die frühen Lichtbogenlampen erzeugten ein sehr helles Licht; dieses eignete sich zwar gut für Straßenbeleuchtungen, aber nicht für die Beleuchtung von Wohnungen, und es entstanden giftige Dämpfe. Wohnungen wurden mittels Gas beleuchtet.

Die Lichtbogenlampen zur Straßenbeleuchtung wurden in Reihe geschaltet. Edison führte die Parallelschaltung ein; seine Lampe war daraufhin ausgelegt. Er organisierte die Großerzeugung und den Großverkauf elektrischen Stroms nach dem Modell der Gasbeleuchtung, seinerzeit ein wichtiger Industriezweig. Er wollte der erste auf dem Markt sein und annoncierte in der Presse eine einsatzfähige Lampe, bereits bevor sie wirklich einsatzfähig war.

Nachdem das Teslasche Wechselstromsystem etabliert war, wurde es für das Edisonsche System übernommen, so daß sich dessen Ausdehnungsfähigkeit und Wirkungsgrad wesentlich verbesserten. Es war aber im Grunde nach wie vor das im Parallelbetrieb arbeitende Edisonsche Glühlampensystem mit seinem hohen Verbrauch, und wir müssen auch heute noch mit ihm leben.

Die bessere Lösung

Tesla patentierte sowohl seinen Funkenstrecken-Oszillator wie auch seine Tesla-Spule speziell als Energiequellen für ein neuartiges Beleuchtungssystem mit hochfrequenten Strömen und hohen Spannungen. Bevor der Eindruck entsteht, ein einsames Genie namens Tesla habe diese neue Form der Beleuchtung sozusagen aus heiterem Himmel erfunden, sei erwähnt, daß bereits andere vor ihm hohe Frequenzen zur Anregung von Lichterscheinungen benutzten und wieder andere, wie Sir William Crookes, das gleiche mit hohen Spannungen unternahmen. Aber Tesla war soweit bekannt der erste, der beides zusammenführte.

In Jules Vernes Roman „Eine Reise zum Mittelpunkt der Erde“ von 1872 spricht der Erzähler von der hell leuchtenden tragbaren Batterielampe der Unterweltforscher. Sie bezog ihre Energie von einer Rühmkorf-Spule, einer bei den damaligen Experimentatoren beliebten Hochspannungs-Induktionsspule (Aufwärtstransformator) mit Unterbrecher. Die Rühmkorf-Spule diente zur Anregung einer Lampe (sie war nicht näher beschrieben, aber wahrscheinlich handelte es sich um eine gasgefüllte Röhre), und diese erzeugte „künstliches Tageslicht". Die Lampe brauchte so wenig Strom, daß die Batterie für das ganze unterirdische Abenteuer ausreichte. Verne bezog sich hinsichtlich dessen, was er „diese geniale Anwendung der Elektrizität für praktische Zwecke" nannte, offensichtlich zumindest zum Teil auf experimentell gewonnene Kenntnisse aus seiner Zeit. Vielleicht kann irgendjemand eine derart leistungsfähige Lampe neu erfinden, als Ersatz für die hauptsächlich die Kassen der Batteriehersteller füllende Taschenlampe von heute.

Die modernen Neonlampen arbeiten mit Hochspannungen von 2000 bis 15000 Volt. (Die Transformatoren von Neon-Reklameschildern eignen sich gut zur Versorgung von Tesla-Spulen, sind jedoch Niederfrequenz-Hochspannungsgeräte; deshalb Vorsicht.) Neonlampen und ihre Verwandten, die in manchen Industrieanlagen mit 7500 Volt arbeitenden (glühfadenlosen) „Kaltkathoden"-Fluoreszenzlampen, kommen einem Teslaschen Beleuchtungssystem so nahe, wie dies heutzutage möglich ist.

Etwa 1900 experimentierte Tesla mit leuchtenden Röhren in Buchstabenform und in anderer Gestaltung. Auch wenn die moderne Neonbeleuchtung nur Tesla auf unterer Ebene darstellt, da sie nur mit 60 Hz-Hochspannungstransformatoren ohne die Vorteile der Hochfrequenzanregung betrieben wird, beweist sie den erstaunlichen Wirkungsgrad von Hochspannungs-Beleuchtungssystemen, da ein einziger 15.000 V-Transformator mit einem Verbrauch von nur 230 Watt eine Röhre mit über 35 m Länge zum Leuchten bringen kann.

Wie hoch ist nun die Wirtschaftlichkeit eines Hochspannungs-Hochfrequenz-Beleuchtungssystems nach Tesla im Vergleich zu Edisonschen Glühlampen? Tesla sagt, die gleiche Energiemenge erzeugt „bestimmt 20 mal so viel, wenn nicht noch mehr“ Licht.

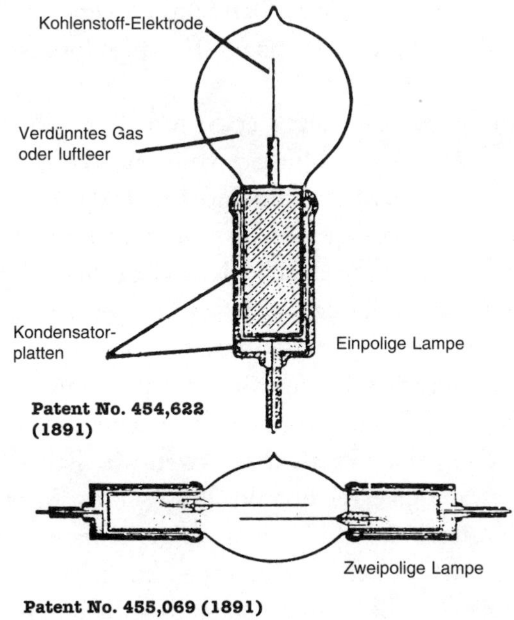

Kondensator-Lampen

Reines Licht

Tesla erfand sehr unterschiedliche Lampen; nicht alle erscheinen in seinen Patenten. Er brachte feste Körper, wie Kohlestäbe in luftleeren Kolben oder in mit unterschiedlichen verdünnten Gasen gefüllten Kolben, zum Leuchten. Er notierte, daß „Röhren ohne Elektroden verwendet werden können und keinerlei Schwierigkeit besteht, mittels ihrer zum Lesen ausreichendes Licht zu erzeugen“. Er schrieb aber auch, daß der Effekt „durch die Verwendung phosphoreszierender Materialien, wie Yttrium, Uran, Glas usw., beträchtlich verstärkt“ wird. Hier legt Tesla die Grundlagen für die Fluoreszenzbeleuchtung.

An diese Lampen legte er Spannungen von 20.000 Volt als unterem Wert bis zu Millionen Volt, mit Frequenzen von 15.000 Hz und darüber. Tesla träumte von der Erzeugung von, wie er es nannte, „reinem Licht“ oder „kaltem Licht“ durch elektrische Schwingungen mit Frequenzen, die denen des sichtbaren Lichts selbst entsprechen. Durch diese direkte und effiziente Art und Weise produziertes Licht würde zwar Frequenzen von 350 bis 750 GHz erforderlich machen, aber Tesla glaubte, daß solche Frequenzen, weit oberhalb der mittels seiner Spulen erreichbaren Werte, eines Tages erzielt werden können. Unabhängig davon erzeugten seine mit verdünntem Gas gefüllten Lampen ein Licht, das dem natürlichen Tageslicht näher kam als jede andere künstliche Lichtquelle. Teslas Licht hat größte Ähnlichkeit mit dem „Vollspektrum“-Licht (Tageslichtspektrum), das mehr und mehr als bei weitem gesünder als dasjenige der Edisonschen Glühlampe und insbesondere gesünder als dasjenige der üblichen Leuchstofflampen erkannt wird. Vom Vollspektrum-Licht glaubt mancher Praktiker des Gesundheitswesens, daß es sogar heilende Eigenschaften besitzt.

Kein plötzliches Durchbrennen

Die Lebensdauer der gasgefüllten Leuchtröhren von Tesla ist unbegrenzt, wie bei modernen Neonlampen, da in ihnen kein Verschleiß stattfindet. Teslasche Lampen mit Elektroden, z.B. Kohlestäben, unterliegen hingegen einer gewissen Alterung. Nach Teslas Worten „tritt stets eine sehr langsame Zersetzung und Größenabnahme auf, ähnlich den Glühlampen; es besteht jedoch keine Möglichkeit plötzlichen und vorzeitigen Ausfalls wie bei den letzteren, insbesondere wenn die Leuchtkörper massiver sind". Bei Vakuumlampen hängt die Lebensdauer von der Höhe des Unterdrucks ab; das Vakuum kann jedoch niemals perfekt sein. Dazu verläuft die Alterung einer Lampe um so langsamer, je höher die Frequenz ist.

Die Elektroden glühen mit hohen Temperaturen. Deshalb erhebt sich das Problem der Energiezuführung zu ihnen, da Drähte oder andere metallische Elemente wegschmelzen. Das Problem muß bei der Konstruktion der Lampe angegangen werden. Bei der am Kapitelanfang abgebildeten Glühlampe beispielsweise sind die Zuführungsdrähte über Bronzepulver in einem hitzebeständigen Kelch mit den heißen Elektroden verbunden. Möglicherweise hat Tesla seine Kondensatorlampe deshalb mit einer Kapazität an der Basis versehen, um zur Lösung eben dieses Problems beizutragen.

Hohe Temperaturen

Teslas Suche nach der idealen Elektrode erinnert an Edisons Suche nach dem langlebigen Glühfaden: „Die Herstellung einer kleinen Elektrode, die enorm hohe Temperaturen aushält", sagte Tesla, „betrachte ich als von größter Wichtigkeit für die Lichterzeugung."

Eine der von ihm ausprobierten Elektroden bestand aus einer kleinen „Perle" aus Kohlenstoff. Diese brachte er in einem fast luftleer gepumpten Kolben unter. Tesla bezeichnete die starke Glut der Perle als „notwendiges Übel". Für Beleuchtungszwecke war das Leuchten des im fast luftleeren Kolben verbliebenen Gases wichtig.

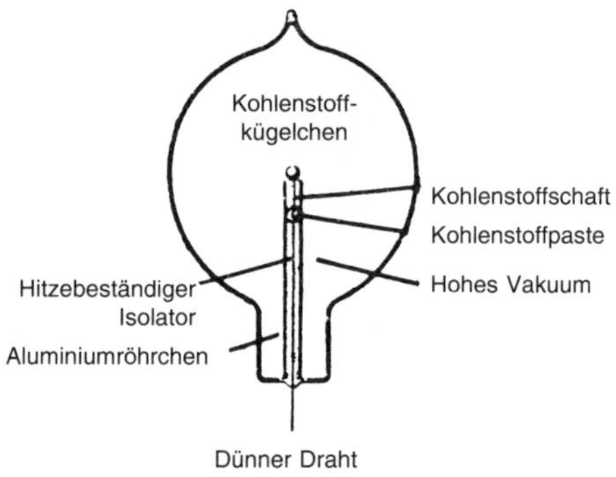

Patent No. 514,170 (1892)

Lampe mit Kohlenstoffkügelchen

Die Kohlenstoffperlen-Lampe bewies dennoch einige über die Beleuchtungszwecke hinausgehende bemerkenswerte Eigenschaften. Sobald die Spannung eingeschaltet wurde, erzeugte die Lampe eine solch gewaltige Hitze, daß die Kohlenstoffperle unverzüglich verdampfte. Tesla experimentierte eingehend mit diesem faszinierenden Phänomen. Für die Perle benutzte er Zirkon anstatt Kohlenstoff, die am meisten hitzebeständige Substanz, die damals verfügbar war. Es zerschmolz sofort. Sogar Rubine verdampften. Diamanten, und besser noch Karborunde, hielten am längsten, doch sie verdampften bei hohen Spannungen ebenfalls.

Tesla arbeitete an dem Problem der Erhitzung. Er trug zur Entwicklung der Hochfrequenz-Induktionserhitzung bei. War er auch mit dem Problem der Erwärmung des Raums befaßt? Sicherlich regt der hohe Stromverbrauch herkömmlicher elektrischer Heizvorrichtungen mit Widerstandselementen dazu an, erfinderisch in diesem Bereich tätig zu werden. Tesla beobachtete, daß die Entladungen von Tesla-Spulen „unter Druck entweichenden Flammen" ähnelten und tatsächlich hohe Temperaturen aufwiesen. Er dachte sich, daß in einer gewöhnlichen Flamme verwandte Prozesse ablaufen mußten und dies ein elektrisches Phänomen ist. Er sagte, elektrische Entladungen könnten „ein möglicher Weg, außer auf chemische Weise eine wirkliche Flamme zu erzeugen, die Licht und Wärme ohne Materialverbrauch abgibt", sein. Das Verhalten der Kohlenstoffperlen-Lampe deutet darauf hin, daß anhand der Effekte, die hochfrequente Ströme in einem Vakuum bewirken, eine neue Möglichkeit zur Wärmeerzeugung gefunden werden könnte.

Licht vom Himmel

Wenn man eine Fluoreszenzlampe in die Nähe einer Tesla-Spule bringt, leuchtet sie in der Hand auf. Dies gilt für alle luftleer gepumpten oder mit verdünntem Gas gefüllten Röhren oder Kolben. Mehr Wirkung erhält man, wenn ein Ende der Röhre geerdet und ein Stück Draht als Antenne an das andere Ende angeschlossen ist. Noch besser ist es, eine mit der Sekundärwicklung in Resonanz befindliche Spule in Reihe zwischen Röhre und Erde zu schalten; dann erhält man die optimale Anordnung für die drahtlose Energieübertragung. Tesla führte zahlreiche Experimente mit unterschiedlichen Anordnungen dieser Art durch. Dabei benutzte er gelegentlich die weit verbreitete Edisonsche Glühlampe. Aufgrund der Hochfrequenzeffekte im Inneren des fast luftleer gepumpten Kolbens leuchtete die Glühlampe dann jedoch heller als gewöhnlich. In seinem Labor in New York verlegte Tesla einen an eine Tesla-Spule angeschlossenen Draht ringsum an den Wänden des Raums. Wenn er Licht brauchte, hängte er nahe dieses Hochfrequenzleiters eine Gasröhre auf.

Teslas lebhafte Phantasie gab ihm sogar die Idee ein, das Prinzip der Lumineszenz verdünnter Gase zur nächtlichen Beleuchtung des Himmels zu nutzen. Dazu wäre hochfrequente Energie, möglicherweise mittels eines ionisierenden Strahls ultravioletten Lichts, in die obere Atmosphäre zu senden, wo die Gase unter relativ niedrigem Druck stehen, so daß sich diese Schicht wie eine Leuchtröhre verhalten würde. Himmelsbeleuchtung, so sagte er, würde Straßenbeleuchtungen weitgehend überflüssig machen und die Schiffahrt erleichtern.

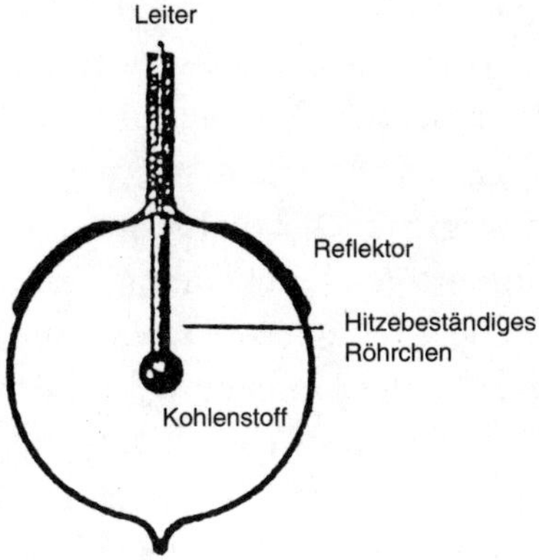

Patent No. 454,622 (1891)

Reflektor-Lampe

Die aurea borealis (Nordlicht) ist ein nach diesem Prinzip funktionierendes Phänomen; die Quelle für die elektrische Anregung sind die Auswirkungen kosmischer Eruptionen, nämlich derjenigen der Sonne. Ob die Umsetzung dieser Idee außer zu einer Behinderung bei der Sternbeobachtung auch eventuell zu unerwünschten biologischen Folgen führen könnte, müßte untersucht werden.

Die rotierende „Bürste"

Tesla nahm den evakuierten Kolben einer Glühlampe, brachte in seinem Mittelpunkt ein leitfähiges Element an, erregte das Element mit der an einer Induktionsspule abgegriffenen Hochspannung und erhielt so eine strahlungsartige Erscheinung, eine „Bürsten"-Entladung. Diese reagierte derart hochempfindlich auf Störungen in der Umgebung, daß es schien, als ob sie eigenes, intelligentes Leben besäße. Das Gebilde funktionierte dann am besten, wenn kein Zuführungsdraht vorhanden war. Der Kolben gemäß der Abbildung besitzt keinerlei elektrische Verbindung. Er kann induktiv erregt werden; dazu wird Spannung an eine um den Hals gewickelte Folie gelegt. Aufgrund der Erregung „entsteht zunächst intensive phosphoreszierende Strahlung im Inneren der gesamten Kolbenwandung; sie wird bald durch ein weißes, nebelartiges Licht ersetzt", hat Tesla beobachtet. Das Glimmen verwandelt sich danach in eine gerichtete „Borste" oder in einen Strahl, der um das zentrale Element herumwandert. Der Strahl spricht so empfindlich auf elektrostatische und magnetische Veränderungen in der Umgebung an, daß „die Annäherung eines Beobachters schon in einigen Schritten Entfernung vom Kolben den Strahl nach der anderen Seite ausweichen läßt". Ein kleiner 2,5 cm langer Dauermagnet „beeinflußt ihn sichtbar aus einer Entfernung von zwei Metern; die Strahlrotation wird verlangsamt oder beschleunigt, je nach Lage des Magnets in Bezug auf den Strahl".

Tesla hat die rotierende Bürste nie patentiert oder praktisch verwendet; er glaubte jedoch an die Möglichkeit praktischen Einsatzes. Einen bestimmten Verwendungszweck sah er im Funkwesen; dort hätte diese Vorrichtung zum höchstempfindlichen Detektor für Veränderungen im Medium ausgeformt werden können. Die rotierende Bürste scheint der Vorläufer des Plasmakugel und manchmal auch „Teslakugel“ genannten Spielzeugs gewesen zu sein.

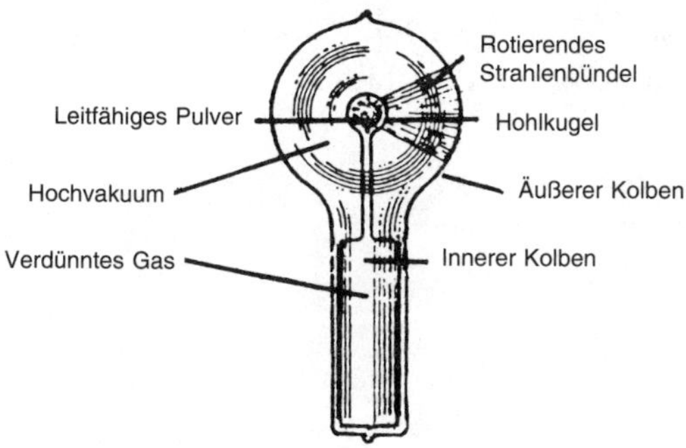

Rotierendes Strahlenbündel

Teslas neuartige Beleuchtungsvorrichtungen waren zu ihrer Zeit berühmt. Tesla warb und sorgte dafür. Er unternahm Vorführungen anläßlich von Vorträgen vor Fachleuten der Elektroindustrie, vor großem Publikum in gemieteten Sälen und vor ausgewählten Gruppen einflußreicher New Yorker in seinem Labor in Manhattan. Seine Artikel über das neuartige Licht wurden in populärwissenschaftlichen Zeitschriften veröffentlicht, und die Zeitungen berichteten darüber. Trotzdem hatte er keinen Erfolg bei den Mächtigen, denn diese erkannten ohne Zweifel, wie auch von Tesla immer wieder angesprochen, daß dann vieles andere schrottreif werden würde.

Doch hätte das gesamte elektrische Versorgungsnetz wirklich auf den Schrott wandern müssen, wenn die Segnungen des Teslaschen Lichts zur Wirklichkeit gemacht worden wären? Vorstellbar wäre, die neuartigen Beleuchtungseinrichtungen durch lokale Oszillatoren am Verbrauchsort zu betreiben und das alte Netz dabei zu erhalten. Diese Möglichkeit besteht immer noch, wie schon seit etwa hundert Jahren.

7. TRANSPORTWESEN

Tesla vermutete: „Die vielleicht am meisten Nutzen bringende Anwendung der drahtlosen Energieübertragung wird der Antrieb von Flugmaschinen sein, da dann die Mitnahme von Treibstoff und alle Reichweitenbegrenzungen von Flugzeugen und Luftschiffen entfallen.“ Die Möglichkeit des Flugs mit Elektroantrieb nahm Tesla gefangen, wenngleich er kein elektrisch angetriebenes Flugzeug patentiert hat. Was er jedoch patentierte, war eine durch hochfrequente Hochspannungsströme angetriebene Eisenbahn mit Energieversorgung über ein Kabel und induktiven Abgriff. Außerdem patentierte er ein völlig neuartiges Flugzeug, zwar nicht mit Elektroantrieb, aber mit einem fortschrittlichen Triebwerk: Der Scheibenläuferturbine. Teslas Eisenbahn und sein Flugzeug können ebenfalls unter die verschollenen Erfindungen eingereiht werden. Diejenige Transporttechnik, die Teslas Ideen in der Praxis am nächsten kommt, ist der dieselelektrische Antrieb mit Teslaschen Mehrphasenmotoren; ein frühes und bemerkenswertes Beispiel dafür war das Ozeanschiff „Normandie“.

Im Transportwesen wird Tesla am häufigsten mit Antigravitations-Antrieben und UFOs in Zusammenhang gebracht. Obwohl dieser Zusammenhang auf nichts weiter als einigen wenigen öffentlichen Äußerungen beruht, beschäftigen Teslas Anregungen doch in erheblichem Maß die Phantasie.

Auto mit Elektroantrieb

In gut informierten Kreisen wird gelegentlich erwähnt, daß Tesla, obwohl bereits im Ruhestand, ein durch Gravitationsenergie getriebenes Auto gebaut hatte. Im Alter von 70 Jahren setzte er sein noch erhebliches Vermögen dafür ein. In dieser inzwischen dokumentierten Periode seines unermüdlichen Schaffens nahm Tesla seinen 1930 von Kroatien nach New York eingereisten Neffen Petar Savo ein Jahr später in die Nähe von Buffalo mit, um ihm ein neues Automobil vorzustellen und es zu erproben.

Das Fahrzeug war vom Typ Pierce Arrow, ein Luxuswagen der damaligen Zeit. Der Originalmotor war ausgebaut worden; Kupplung, Getriebe und der Antriebsstrang zu den Hinterrädern waren noch vorhanden. Der Benzinmotor war durch einen runden, vollständig gekapselten Elektromotor von etwa 1 m Länge und 0,65 m Durchmesser mit vorne aufgesetztem Kühlgebläse ersetzt worden. Tesla äußerte sich nicht klar über den Erbauer dieses Motors; möglicherweise stammte er aus einem der Westinghouse-Betriebe.

Den „Energieempfänger" (Gravitationsenergie-Wandler) hatte Tesla selbst hergestellt. Das vor dem Instrumentenbrett angebrachte Wandlergehäuse hatte Abmessungen von etwa 60 x 25 x 15 cm. Unter anderem enthielt der Wandler 12 Vakuumröhren, drei davon vom Typ 70-L-7. Die aus dem Wandler senkrecht nach oben ragende, etwa 1,8 m lange Antenne hatte offensichtlich die gleiche Funktion wie die des Moray-Wandlers (1940). Weiterhin ragten zwei dicke Stäbe etwa 10 cm aus dem Wandlergehäuse heraus. Tesla schob sie hinein und sagte dabei: „Nun kann es losgehen.“ Der Motor erreichte eine Drehzahl von bis zu 1800 Umdrehungen je Minute. Die Notwendigkeit des Kühlgebläses wurde mit der beim Betrieb entstehenden Hitze begründet. Tesla bemerkte des weiteren, daß im Wandler aber auch noch so viel Energie übrig wäre, daß nicht nur der Motor des Automobils betrieben, sondern auch zugleich noch ein ganzes Haus beleuchtet werden könne. Der Wagen wurde eine Woche lang erprobt, wobei er mühelos eine Spitzengeschwindigkeit von 145 km/h erreichte. Seine Leistungsdaten waren mindestens mit denen eines benzinbetriebenen Autos vergleichbar.

Der Automobilhersteller Pierce Arrow mußte aufgrund der damaligen Wirtschaftskrise einige Monate nach diesen Fahrversuchen die Produktion einstellen.

Tesla wußte allem Anschein nach, daß seine Konstruktion den technischen Konzepten dieser Zeit widersprach. Er vermied darum mit wenigen Ausnahmen jegliche Diskussion mit Ingenieuren, Wissenschaftstheoretikern und Unternehmern. Er sah in der Umrüstung des Automobils offenbar nur ein privates Steckenpferd. Erst 1967 konnte der Luftfahrtingenieur Ahlers in New York eine Sammlung aller Informationen fertigstellen und archivieren. Ein Nachbau scheiterte bis auf den heutigen Tag trotz alledem; zumindest wurde nichts davon bekannt.

Hochfrequenz-Eisenbahn

Teslas Eisenbahn erhält die hochfrequente Hochspannung für den Antrieb induktiv und nicht auf herkömmliche Art über Fahrdrähte und Rollen- oder Bügelabgreifer oder über eine dritte Schiene. Bei ihr streicht ein Abgreifer berührungslos an einem Versorgungskabel, das die Schwingungsenergie führt, entlang. Dieses Kabel wurde von Tesla speziell für die Übertragung solcher Ströme erfunden; es ist der Vorgänger des Kabels mit geerdeter Abschirmung, das heute zur Übertragung von Fernseh- und anderen Hochfrequenzsignalen verwendet wird. Im Unterschied zu den heutigen Kabeln, die nur Signale geringer Energie übertragen und die eine durchgängige statische Abschirmung aus feinem Kupferdrahtgewebe besitzen, wird das Teslasche Hochspannungskabel von Metallrohrstücken oder Abschirmungen ummantelt, die kurz sind, „sehr viel kürzer", sagt Tesla in seinem Patent, „als die Wellenlänge des jeweiligen Stroms". Diese Anordnung vermindert

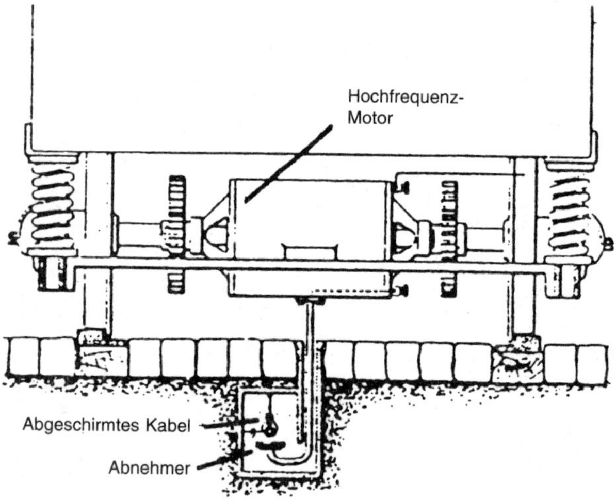

Patent No. 514,972 (1892)

die Verluste. Da die Abschirmung nicht unterbrochen sein darf, überlappen sich die kurzen Stücke, aber sie sind gegenseitig isoliert. Um die Erdverluste weiter zu vermindern, ist in die Erdungsleitung eine Induktivität mit hohem Ohmschem Widerstand oder eine kleine Kapazität eingefügt.

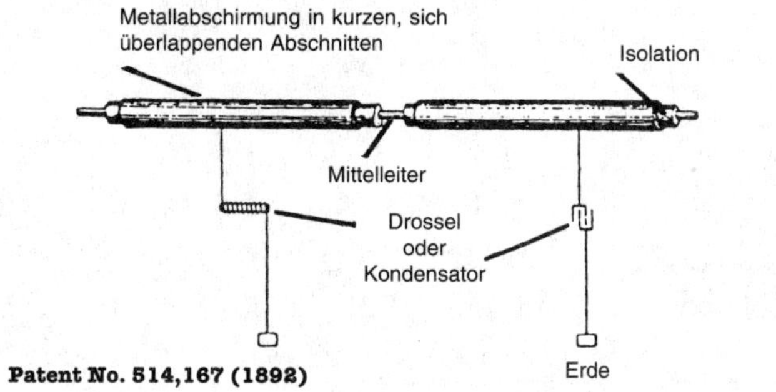

Abgeschirmtes Kabel

Das Geheimnis des Motors

Ein Rätsel in Teslas Eisenbahnpatent ist, daß der Antrieb zwar durch einen Elektromotor erfolgen soll, aber nirgendwo unter Teslas Erfindungen ein für hochfrequente Ströme ausgelegter Elektromotor zu finden ist. Plante Tesla hier die Verwendung niederfrequenter Ströme mit unter 1000 Hz? Dachte er an einen Wandler zur Frequenzverminderung? Oder hatte er einen nie patentierten Motor erfunden, eine Erfindung, die in seinen unveröffentlichten Notizen vergraben sein könnte? Jedenfalls spricht Tesla in vielen seiner Äußerungen über

Hochfrequenzenergie so, als ob dieses Problem gelöst wäre. Aus der Zeit nach Tesla gibt es Hinweise auf das Vorhandensein eines solchen Motors. Hermann Plauson (nächstes Kapitel), ein Erfinder auf dem Gebiet Freie Energie, erwähnt ebenfalls Hochfrequenzmotore. Diese Motore besitzen Magnetkerne aus sehr dünnen, gegenseitig isolierten Blechen, um die Dämpfungseffekte gering zu halten.

Das Turbinenflugzeug

Teslas einziges Flugzeugpatent betrifft einen Senkrechtstarter (VTOL) als Verbesserung gegenüber dem Hubschrauber, bereits 1921 erfunden: „Flugzeuge von der Art des Hubschraubers, insbesondere mit großem Neigungswinkel der Drehflügelachse zur Horizontalen, die allgemein vorgesehene Betriebsweise, sind für den schnellen Lufttransport ziemlich ungeeignet. Sie können unter den vorherrschenden Luftbedingungen im Flug keine gerade horizontale Linie einhalten. Sie sind gefährlichen Absackbewegungen und Schwingungen ausgesetzt . . ., und sie sind fast sicher zum Absturz verurteilt, sobald der Antrieb ausfällt." Die Fortschritte in der Konstruktion von Hubschraubern mögen zwar einige dieser Probleme beseitigt haben, aber zumindest das letzte Problem bleibt bestehen.

Teslas Flugzeug weist eine große Flügelfläche auf und wird von zwei Scheibenläuferturbinen angetrieben. Das technische Problem, den Pilot und die Passagiere nach dem Start um 90 Grad zu schwenken, ist zumindest zu

Teslas Befriedigung gelöst. Inzwischen wurden zwar einige Experimental-Senkrechtstarter gebaut, aber keiner davon ging in die Produktion.

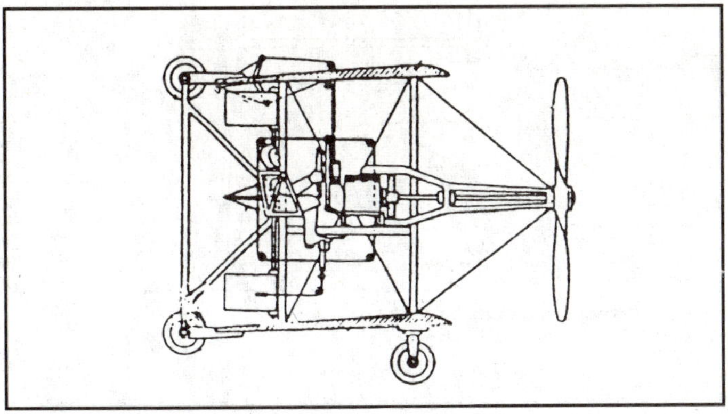

Flug mit Elektroantrieb

Tesla träumte von elektrisch über Energiesender angetriebenen Flugzeugen: „Flugmaschinen werden ohne Halt über die ganze Erde bewegt." 1900 prophezeite er auch eine „Kaltkohlen"-Batterie von so hoher Leistungsfähigkeit, daß „einsatzfähige Flugmaschinen" möglich seien. Die Batterie „würde auch die Verbreitung des Automobils enorm fördern". Tesla phantasierte von einem persönlichen „Lufttaxi", zusammenfaltbar und in eine Kiste von 1,8 m Seitenlänge passend, mit einem Gewicht von unter 110 kp: „Es kann auch durch die Straßen gefahren und in einer Garage abgestellt werden, genau wie ein Automobil." Auf die Frage, wie sein mit Erdresonanz arbeitendes drahtloses Energieübertragungssystem in der Luft befindliche Fahr-

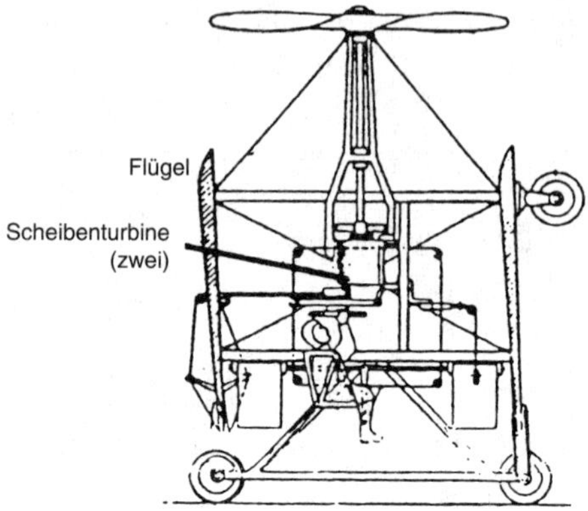

Patent No. 1,655,113 (1921)

VTOL-Flugzeug

zeuge versorgen könne, erläuterte er: „Die Energie kann ohne weiteres auch ohne Erdverbindung zugeliefert werden, da die Strömung, wenngleich sie über die Erdoberfläche verläuft, in der sie umgebenden Atmosphäre ein elektromagnetisches Feld erzeugt.“ Tesla glaubte, daß ein solches System die endgültige Methode für die Fliegerei ist: „Mit einer industriellen Anlage großer Kapazität kann auf diese Weise ausreichend Energie erzeugt werden, um Flugmaschinen jeder Art anzutreiben. Dies war in meinen Augen stets die beste und dauerhafteste Lösung für die Probleme des Fliegens. Es wird kein Kraftstoff, welcher Art auch immer, benötigt, da der Antrieb durch leichte, schnellaufende Elektromotore erfolgt.“

1900 skizzierte Tesla einen Antigravitationsmotor: „Man stelle sich eine Scheibe aus einem homogenen Material vor, perfekt rundgedreht und auf einer horizontal über dem Boden angeordneten Achse, die in reibungslosen Lagern läuft, sitzend. Es ist nun durchaus möglich, daß wir herausfinden, wie die Scheibe durch die Gravitation in dauernde Umdrehung versetzt werden und Arbeit verrichten kann. Zu diesem Zweck, sagte er, „müssen wir nur eine Abschirmung gegen diese Kraft erfinden. Durch eine derartige Abschirmung könnten wir die eine Hälfte der Scheibe vor Krafteinwirkung schützen, so daß die Scheibe beginnt, sich zu drehen."

Folgt daraus nicht, daß eine solche Abschirmung auch dazu benutzt werden könnte, ein Fahrzeug zum Schweben zu bringen?

Tesla hatte kein Patent für ein derartiges Gerät oder eine andere Antigravitationsvorrichtung, und es existieren auch keine Veröffentlichungen über Experimente in diesem Bereich. Trotzdem stößt man in der Literatur über Antigravitation und UFOs unvermeidlicherweise immer wieder auf den Namen Tesla. Vielleicht weil Tesla ein herausragender Vertreter einer Physik war, in der Antigravitation aufgrund besserer Erklärungsmöglichkeiten eher plausibel schien.

Ein Theoretiker unserer Zeit, Thomas Bearden, hält die Beherrschung der Gravitation in dem von ihm so genannten „Neuen Teslaschen Elektromagnetismus" für möglich. Skalarwellen (Stehwellen) „können in der Zeit selbst elektrisch erzeugt werden"; dadurch erhält man „ein magisches Werkzeug zur direkten Beeinflussung und Änderung von allem, was in der Zeit existiert, eingeschlossen Gravitationsfelder“, sagt Bearden.

1931 berichtete der Herausgeber von „Science & Mechanics“, Hugo Gernsback: „Viele Wissenschaftler sind heute der Überzeugung, daß die Gravitationskraft lediglich eine andere Erscheinungsform elektromagnetischer Wellen ist.“ Eine Verbindung zwischen Elektrizität und Gravitation wird heutzutage von immer mehr den herkömmlichen Theorien und Dogmen nicht zwanghaft verbundenen Physikern als Realität in Betracht gezogen.

Edward Farrow, ein New Yorker Erfinder, meldet 1911 einen Antigravitationseffekt, hervorgerufen mittels eines Rings von Funkenstrecken. Sobald die Funken übersprangen, verlor die Vorrichtung, „verdichtender Dynamo“ genannt, ein Sechstel ihres Gewichts.

T. Henry Moray schrieb, daß „eines Tages vielleicht Frequenzen, die die Gravitationskraft bis zum Punkt der Neutralisierung bringen, erzeugt werden“.

Der Antigravitationsforscher Richard Lefors Clark nimmt an, daß die Frequenz der Gravitationsschwingungen exakt „im neutralen Zentrum des natürlichen Strahlungsenergiespektrums“ liegt, oberhalb der Radarfrequenzen und unterhalb von Infrarot, bei 10^{12} Hz (1000 GHz).

BIBLIOGRAPHIE

Tesla
Nikola Tesla: My Inventions
Autobiographie
Tesla Book Co

John O'Neill: Prodigal Genius
Biographie, 1949
Omni Publications

Margarte Cheney: Man Out of Time
Biographie, 1981
Prentice-Hall, Vertrieb Lindsay Publications und Int. Tesla Soc.

1. Die Scheibenläuferturbine

Die Patentschrift ist wie die anderen im Buch erwähnten Patentschriften unter Angabe der Patentnummer vom U.S. Patent Office, Washington, DC 20231, zum Preis von $ 1,50 erhältlich.

Die US-Patente von Tesla sind zusammengefaßt wiedergegeben in:

Nikola Tesla: Complete Patents
Herausg. John Ratzlaff, Vertrieb Tesla Book Co.

Lectures, Patents, Articles
Herausg. Vojin Popovich
Tesla Museum, Vertrieb Tesla Book Co.

Mit handwerklichem Geschick kann eine Scheibenläuferturbine auch selbst gebaut werden; detaillierte Zeichnungen sind zu finden im:

„Live Steam Magazine“, Nov. 1984 (R. S. Heden: „The Tesla Turbine“)

Über einen jüngeren Versuch zur Einführung der Tesla-Turbine wird in „The Spotlight“ von 30. April 1984 in einem Artikel von Tom Valentine berichtet.

Im Heft 2/1992 des Magazins Extraordinary Science der International Tesla Society werden die DISCFLO-Pumpen als technologischer Quantensprung beschrieben.

2. Der Funkenstrecken-Oszillator

Angaben zur Anfertigung von Kondensatoren und Funkenstrecken sind zu finden in:

George Trinkaus: Tesla Coil

R.A. Ford: Tesla Coil Secrets

Einzelheiten über diese Titel enthält die Bibliographie des nächsten Kapitels.

3. Die Tesla-Spule

Duane A. Bylund: Modern Tesla Coil Theory
Ein Buch auch für Anfänger, hin bis zur transistorisierten Spule.
Vertrieb Int. Tesla Soc.

R.A. Ford: Tesla Coil Secrets
Nachdrucke aus der verschollenen Literatur über die Tesla-Spule mit Kommentierung.
Lindsay Publications

George Trinkaus: Tesla Coil
Eine Anleitung für den Laien. Bauanleitung unter Verwendung handelsüblicher Teile.
High Voltage Press

Tesla Coil Builders News
Vierteljährlich erscheinender Informationsdienst voller Angaben über den Bau und die Geschichte der Tesla-Spule.
Tesla Coil Builders Assoc.

Robert Becker: The Body Electric
Liberty Library

Robert Becker:
Georges Lakhovsky: The Secret of Life
Liberty Library oder Health Research

D.C. Cox: Resonant Transformer Design Parameters
Für Ingenieure und fortgeschrittene Laien geeignete Darstellung.
Tesla Book Co.

4. Der Energiesender

Colorado Springs Notes
Herausgeber NoLit, Belgrad, Vertrieb Health Research und Int. Tesla Soc.

The Tesla Experiment
Ein Versuch, die Experimente von Tesla mit der Verfolgung von Blitzen und der Erdresonanz nachzuvollziehen.
Tesla Book Co.

Nikola Tesla: The True Wireless
Tesla Book Co.

People's Power Project: Assorted Tesla Articles
Herausgeber Nick Basura, Vertrieb Tesla Book Co.

K.E. Edwards: Radios That Work For Free
Wie man einen Kristallempfänger baut und die Leistungsfähigkeit von abstimmbaren Schwingkreisen entdeckt.
Lindsay Publications

5. Ein Empfänger für Freie Energie

Space Energy Receivers und Bern Dibner: Early Electrical Machines (Elektrostatische Generatoren)
Lindsay Publications

T. Henry Moray: The Sea of Energy
(Bekämpfter US-amerikanischer Erfinder auf dem Gebiet Freie Energie von den 20er Jahren bis in die 40er Jahre)
Herausg. Cosray Research, Vertrieb Health Research

Die Borderland Sciences Research Foundation bringt eine zweimonatlich erscheinende Zeitschrift und zahlreiche Titel über Freie Energie heraus.

Rex Research ist ein Vertrieb für Veröffentlichungen über Freie Energie. Die meisten derzeitigen Aktivitäten im Bereich Freie Energie konzentrieren sich auf „Over Unity"-Motore (Over Unity = Wirkungsgrad größer als 1) oder Gravitationsfeld-Generatoren genannte Drehmagnet-Vorrichtungen wie die von:

Joseph Newman
Newman Publ.

John Bedini
Tesla Book Co.

6. Die Hochfrequenzlampe

Thomas C. Martin: The Inventions, Researches and Writings of Nikola Tesla
Nachdruck des Buchs von 1894
Omni Publications

Experiments With Alternate Currents of High Potential and High Frequency
Ein Vortrag von Tesla
Omni Publications

7. Transportwesen

Anti-Gravity Handbook
Herausg. David Childress
Vertrieb Adventures Unlimited Press

T.E. Bearden: The New Tesla Electromagnetics
Tesla Book Co.

WEITERFÜHRENDE LITERATUR ZUR FREIEN ENERGIE

3rd Intl. Symposium on Nonconventional Energy Technology Proceedings, 1988, Hull, Quebec, Canada
Planetary Assoc. for Clean Energy

Intl. Symposium on New Energy Proceedings, April 1993 und Mai 1994, Denver, Colorado, USA
Intl. Assoc. for New Science

Harold Aspden: Modern Aether Science
1972, Sabberton Publ.

Rho Sigma: Forschung in Fesseln
1994, Edition Freie Energie, Vertrieb VAP-Verlagsauslieferung

Thomas Bearden, Rolf Schaffranke: The New Tesla Electromagnetics
Vertrieb Int. Tesla Soc.

Don Kelly: The Manual of Free Energy Devices & Systems
Space Energy Association

Harold Puthoff: Extracting energy and heat from the vacuum, Physical Review E, Vol 48, No 2, August 1993

Rho Sigma: Ether Technology
Vertrieb Int. Tesla Soc.

ADRESSEN
(Literatur und Organisationen)

International Tesla Society, P.O. Box 1095, Colorado Springs, CO 80905, USA

Tesla Book Co., P.O.Box 121873, Chula Vista, CA 91912, USA

Planetary Association for Clean Energy, Inc. (P.A.C.E.), 100 Bronson Avenue / 1001, Ottawa, Ontario K1R 6G8, Canada

Edition Freie Energie, Redaktionsadresse, Peter Clemens, Liebigstr. 10, D-60323 Frankfurt am Main

Institute for New Energy, P.O. Box 58639, Salt Lake City, UT 84158, USA

Sabberton Publications, Acres High, Hadrian Way, Chilworth, Southampton SO1 7HZ, England

Health Research, P.O. Box 70, Mokelumne Hill, CA 95245, USA

Omni Publications, Box 216, Hawthorne, CA 90251, USA

Ragusan Press, 2527 San Carlos Ave., San Carlos, CA 94070, USA

Lindsay Publications, P.O. Box 12, Bradley, IL 60915, USA

Live Steam Magazine, 2779 Aero Park Drive, Traverse City, MI 49684, USA

The Spotlight, 300 Independence Ave. SE, Washington DC 20003, USA

High Voltage Press, 4326 S.E. Woodstock, #489, Portland, OR 97206, USA

Tesla Coil Builders Assoc., RD3 Box, 181K Amy Lane, Glens Falls, NY 12801, USA

People's Power Project P.O. Box 277, Leadville, CO 80461, USA

Liberty Library, 300 Independence Ave. SE, Washington, DC 20003, USA

Adventures Unlimited Press, Box 22, Stelle, IL 60919, USA

Borderland Sciences Research Foundation, P.O. Box 429, Garberville, CA 95440, USA

Space Energy Association, P.O. Box 11422, Clearwater, FL 34616, USA

Newman Publishing, Route 1, Box 52, Lucedale, MS 39452, USA

International Association for New Science, 1304 South College Avenue, Ft. Collins, CO 80524, USA

VAP, Verlagsauslieferung, Postfach 1180, D-32352 Preußisch Oldendorf, Germany

Tesla Memorial Society, 453 Martin Road, Lackawanna, NY 14218, USA

Tesla-Institut, Postfach 100, 1181 Wien, Österreich

FILM/FERNSEH-PRODUKTIONEN ÜBER NIKOLA TESLA

Nikola Tesla – the forgotten genius, Syntar Productions, Hollywood, 1977, 27 min.

The secret of Nikola Tesla, Zagreb Film, Zagreb, Yugoslavia, 1980, 120 min., Darsteller u. a. Orson Welles, Produzent: Krsto Papic

The mysterious Mr. Tesla, BBC, Horizon/NOVA series, London, 1982, 58 min., Produzent: Robin Bootle (Auszeichnung als beste englische Dokumentation des Jahres)

Nikola Tesla's

Untersuchungen

über

Mehrphasenströme

Nikola Tesla

Nikola Tesla's
Untersuchungen über Mehrphasenströme

und über

Wechselströme hoher Spannung und Frequenz.

Mit besonderer Berücksichtigung seiner Arbeiten
auf den Gebieten
der Mehrphasenstrommotoren und der Hochspannungsbeleuchtung
zusammengestellt
von

Thomas Commerford Martin.

Autorisirte deutsche Ausgabe
von
H. Maser.

Mit 313 Abbildungen.

Halle a. S.,
Verlag von Wilhelm Knapp.
1895.

II. Abschnitt.

Erscheinungen bei Strömen von hoher Frequenz und hoher Spannung.

25. Kapitel.

Einleitung. — Inhalt der Tesla'schen Vorträge.

Das Studium der drei hier wiedergegebenen Tesla'schen Vorträge wird dem Leser leichter werden, wenn zuvor seine Aufmerksamkeit auf diejenigen Punkte hingelenkt wird, welche darin das grösste Interesse und die weittragendste Bedeutung haben. Der erste dieser Vorträge wurde am 20. Mai 1891 im Columbia College zu New York vor dem American Institute of Electrical Engineers gehalten. Der ihm aus allen Theilen Europas unmittelbar darauf geäusserte Wunsch, Gelegenheit zu haben, die glänzenden und ungewöhnlichen Versuche, von denen der Vortrag begleitet war, mit eigenen Augen sehen zu können, bestimmte Tesla im Frühjahr 1892 nach England zu gehen, wo er vor der Institution of Electrical Engineers und einen Tag später auf besondere Einladung vor der Royal Institution auftrat. Seine Aufnahme war bei beiden Gelegenheiten eine sehr begeisterte und schmeichelhafte. Einer Einladung folgend, ging er dann nach Frankreich und wiederholte seine neuen Demonstrationen vor der Société Internationale des Électriciens und der Société Française de Physique. Im Herbst 1892 kehrte Tesla nach Amerika zurück und hielt im Februar 1893 seinen dritten Vortrag vor dem Franklin Institute zu Philadelphia, womit er ein Prof. Houston lange vorher gegebenes Versprechen einlöste. In der darauf folgenden Woche wurde auf Ersuchen des Präsidenten der National Electric Light Association, Herrn James J. Ayer, derselbe Vortrag nochmals in St. Louis gehalten. Man beabsichtigte, die Einladungen hierzu auf die Mitglieder zu beschränken, doch gingen von den Bewohnern der Stadt so zahlreiche und dringende Gesuche um Zulassung zur Sitzung ein, dass einer der grössten Säle gemiethet werden musste. Daher kam es, dass der Vortrag von mehr als 5000 Zuhörern gehört wurde und in einigen Theilen populärer gehalten war als jeder der beiden vorhergehenden. Trotz dieses Zugeständnisses an die Bedürfnisse des Ortes und der Stunde trug Tesla kein Bedenken, viele neue und glänzende Versuche vorzuführen und die Grenze seiner Entdeckungen weit über jenen Punkt hinauszurücken, bis zu welchem seine vorherigen Veröffentlichungen reichten.

Wir können nun zu einer kurzen Uebersicht über die Vorträge selbst übergehen. Das von ihnen in Betracht gezogene Gebiet ist so ausgedehnt, dass nur die Hauptideen und -Versuche hier berührt werden können; überdies ist es besser, die Vorträge selbst sorgfältig durchzulesen, da höchst wahrscheinlich jeder Leser eine neue Schönheit und Anregung in ihnen entdecken wird. Verfolgt man den Gang der Beweisführung, den Tesla in seinem ersten Vortrage eingeschlagen hat, so wird man bemerken, dass er von der Erkenntniss der von ihm nunmehr experimentell bewiesenen Thatsache ausging, dass zur Erzeugung von Lichtwellen primär elektrostatische Wirkungen ins Spiel gebracht werden müssen, und fortgesetztes Studium führte ihn zu der Ansicht, dass alle elektrischen und magnetischen Wirkungen auf elektrostatische molekulare Kräfte zurückgeführt werden können. Diese Ansicht findet eine merkwürdige Bestätigung durch einen der überraschendsten Versuche, welche er beschreibt, nämlich durch die Erzeugung einer wirklichen Flamme durch die schnelle Bewegung elektrostatisch geladener Moleküle. Es ist von höchstem Interesse zu beobachten, dass dieses Resultat auf ein Verfahren, eine Flamme zu erhalten, hinweist, welche kein Material verzehrt und bei welcher keine chemische Wirkung irgend welcher Art Platz greift. Es wirft ebenfalls ein Licht auf die Natur der gewöhnlichen Flamme, von welcher Tesla glaubt, dass sie von elektrostatischen molekularen Wirkungen herrühre; wäre dem wirklich so, so würde dies direkt zu der Idee führen, dass auch chemische Verwandtschaften ihrer Natur nach elektrostatisch seien und dass, wie bereits vermuthet worden ist, molekulare Kräfte überhaupt auf eine und dieselbe Ursache zurückgeführt werden können. Diese merkwürdige Erscheinung erklärt in plausibler Weise die bisher unerklärte Thatsache, dass häufig Gebäude während eines Gewitters in Brand gesteckt werden, ohne überhaupt von einem Blitze getroffen zu sein; sie kann möglicher Weise auch das gänzliche Verschwinden von Schiffen auf dem Meere erklären.

Einer der überraschendsten Beweise der Richtigkeit der von Tesla vorgebrachten Ideen ist die Thatsache, dass trotz der Anwendung der kräftigsten elektromagnetischen Induktionswirkungen nur schwache Lichterscheinungen erhalten werden und dies nur in nächster Nähe der Störungsquelle, während, wenn die elektrostatischen Wirkungen gehörig verstärkt werden, dieselbe anfängliche Energie ausreicht, um Lichterscheinungen in beträchtlichen Entfernungen von der Quelle zu erregen. Dass nur elektrostatische Wirkungen im Spiele sind, scheint durch Tesla's Versuche mit einer Induktionsspule, die mit Wechselströmen von sehr hoher Frequenz betrieben wird, klar erwiesen zu sein. Er zeigt, wie Röhren in erheblichen Abständen von irgend einem Gegenstande zu hellem Glühen gebracht werden können, wenn sie in ein kräftiges rasch wechselndes elektrostatisches Feld gesetzt werden, und er beschreibt viele interessante Erscheinungen, die er in einem solchen Felde beobachtet hat. Seine Versuche eröffnen die Möglichkeit, ein Zimmer durch einfache Erzeugung eines solchen elektrostatischen Feldes in demselben zu beleuchten, und dies würde offenbar in gewisser Beziehung die ideale Methode der Beleuchtung eines Zimmers sein, da sie gestatten würde, den Beleuchtungskörper frei umherzubewegen. Die Stärke, mit welcher diese von jeder Elektrode freien luftleeren Röhren leuchten, ist sicher bemerkenswerth.

Dass das von Tesla vertheidigte Princip ein sehr umfassendes ist, geht aus den vielen Arten seiner praktischen Anwendungen hervor. Wir brauchen nur auf die Mannigfaltigkeit der dargestellten und beschriebenen Vorrichtungen zu verweisen, die sämmtlich neuen Charakters sind und ohne Zweifel unter den Händen Tesla's und anderer Forscher zu weiteren wichtigen Resultaten führen werden. Der Versuch z. B., einen einzigen Kohlenfaden oder Block aus feuerbeständigem Material mittels eines einzigen Drahtes zum Leuchten zu bringen, ist an sich genügend, den Tesla'schen Arbeiten den Stempel der Originalität aufzudrücken, und die zahlreichen andern Versuche und Erscheinungen, welche nach Belieben variirt werden können, sind in gleicher Weise neu und interessant. Z. B. werden der in einer evakuirten Kugel sich rasch im Kreise herumbewegende Glühfaden, das bekannte Crookes'sche Experiment bei offenem Stromkreise und die vielen andern angedeuteten Versuche nicht verfehlen, den Leser zu interessiren. Tesla hat die verschiedenen Formen der Entladung, welche bei einer mit jenen rapid wechselnden Strömen betriebenen Induktionsspule vorkommen, einer erschöpfenden Untersuchung unterworfen, indem er von der fadenförmigen Entladung ausging und durch verschiedene Stadien hindurch bis zur wirklichen elektrischen Flamme gelangte.

Ein Punkt von grosser Wichtigkeit bei der Einführung hochgespannten Wechselstromes, auf welchen Tesla hinweist, ist die Nothwendigkeit, bei den Apparaten für hohe Spannung jede gasförmige Materie zu vermeiden. Er zeigt, dass wenigstens bei rasch wechselnden Strömen hoher Spannung die Entladung bei Vorhandensein von Luft selbst durch die besten Isolatoren bei jeder praktisch möglichen Dicke derselben hindurchschlagen kann. In solchen Fällen wird die in dem Apparate eingeschlossene Luft in heftige Bewegung versetzt und durch das Bombardement der Moleküle können die einzelnen Theile so stark erhitzt werden, dass sie einen Bruch der Isolation veranlassen. Das praktische Ergebniss hiervon ist, dass, während bei konstanten Strömen jede Art Isolation angewendet werden kann, bei rasch wechselnden Strömen wahrscheinlich Oele am besten anzuwenden sind, eine Thatsache, die zwar bereits beobachtet, aber bis jetzt nicht befriedigend erklärt worden war. Die Erkenntniss der erwähnten Thatsache ist von besonderer Wichtigkeit bei der Konstruktion kostspieliger käuflicher Induktionsspulen, welche oft auf unerklärliche Weise unbrauchbar werden. Die Richigkeit dieser Ansichten Tesla's erhellt aus den interessanten Versuchen zur Erläuterung des Verhaltens der Luft zwischen geladenen Flächen, indem die durch die geladenen Moleküle gebildeten Lichtbüschel auch auftreten, wenn sehr gute Isolatoren von erheblicher Dicke zwischen die geladenen Flächen gebracht werden. Diese Lichtbüschel bilden an sich den Gegenstand eines sehr interessanten Studiums für den Experimentator. Bei Anwendung solcher rasch wechselnden Ströme werden sie weit mächtiger und erzeugen prächtige Lichteffekte, wenn sie von einem Drahte, einem Nadelrade oder einem andern Gegenstande ausgehen, der an dem einen Pole der Spule befestigt ist; und es ist interessant zu bemerken, dass sie von einer Kugel fast ebenso leicht ausgehen, wie von einer Spitze, falls die Frequenz hoch genug ist.

Aus diesen Versuchen erhalten wir auch eine bessere Vorstellung von der Wichtigkeit der Berücksichtigung der Kapacität und Selbstinduktion bei den benutzten Apparaten sowie von den durch Benutzung von Kondensatoren in Verbindung mit Wechselströmen gebotenen Möglichkeiten, da die Verwendung von Strömen hoher Frequenz es unter anderm ermöglicht, den Kondensator auf praktische Dimensionen zu reduciren. Ein anderer Punkt von Interesse und praktischer Bedeutung ist die von Tesla bewiesene Thatsache, dass für Wechselströme, besonders solche von hoher Frequenz, Isolatoren mit geringer specifischer Induktionskapacität, die zugleich ein hohes Isolationsvermögen besitzen, erforderlich sind.

Tesla giebt auch interessante und werthvolle Andeutungen bezüglich der ökonomischen Verwerthung von Eisen in Maschinen und Transformatoren. Er zeigt, wie durch Unterhaltung eines Kraftlinienflusses durch das Eisen mittels kontinuirlicher Magnetisirung das Eisen nahe auf seiner maximalen Permeabilität gehalten und eine höhere Leistung und Oekonomie bei solchen Apparaten erzielt werden kann. Dieses Princip dürfte sich von beträchtlicher kommercieller Wichtigkeit bei der Entwickelung von Wechselstromsystemen erweisen. Tesla's Andeutung, dass das nämliche Resultat auch durch Erwärmung des Eisens mittels Hysteresis und Wirbelströmen und durch die hierdurch hervorgebrachte Erhöhung der Permeabilität erreicht werden könne, eröffnet, trotzdem dieses Verfahren weniger praktisch zu sein scheint, gleichwohl der Untersuchung und Verbesserung neue Bahnen.

Der Beweis der Thatsache, dass bei Wechselströmen von hoher Frequenz eine hinreichende Energie unter praktischen Bedingungen durch das Glas einer Glühlampe hindurch mittels elektrostatischer oder elektromagnetischer Induktion übertragen werden kann, dürfte zu einem neuen Ausgangspunkte bei der Konstruktion solcher Apparate führen. Ein anderes wichtiges experimentell festgestelltes Resultat ist der Betrieb von Glühlampen und selbst von Motoren mittels der Entladungen von Kondensatoren, und diese Methode bietet ein Mittel dar, um Gleich- oder Wechselströme umzuwandeln. In diesem Zusammenhange empfiehlt Tesla die Vervollkommnung der Apparate, welche Elektricität von hoher Spannung aus Wärmeenergie zu erzeugen vermögen, indem er der Ansicht ist, dass dies ein besseres Verfahren sei, um elektrische Energie für praktische Zwecke, insbesondere zur Erzeugung von Licht, zu erhalten.

Während wahrscheinlich viele erwartet hatten, bei der Benutzung eines disruptiv entladenen Kondensators merkwürdigen Impedanzerscheinungen zu begegnen, waren die vorgeführten Versuche ausserordentlich interessant wegen ihres paradoxen Charakters. Das Brennen einer Glühlampe mit irgendwelcher Kerzenstärke, welche quer zu einem gebogenen dicken Metallstabe angebracht war, das Vorhandensein von Knoten an dem Stabe und die Möglichkeit, den Stab mittels eines gewöhnlichen Cardew-Voltmeters zu untersuchen, sind alles höchst eigenthümliche Resultate, vielleicht die interessanteste Beobachtung ist aber jene Impedanzerscheinung, welche bei einer Lampe mit geradem Glühfaden beobachtet wurde, nämlich dass letzterer dunkel bleibt, während die Glasbirne glüht.

Die Tesla'sche Art, eine Induktionsspule mittels der disruptiven Entladung zu betreiben und auf diese Weise enorme Potentialdifferenzen mit verhältnissmässig kleinen und billigen Spulen zu erhalten, wird gewiss von Experimentatoren richtig gewürdigt werden und in Laboratorien werthvolle Anwendung finden. In der That werden seine vielen Andeutungen und Winke bezüglich der Konstruktion und des Gebrauches der Apparate bei solchen Untersuchungen sehr werthvoll und bei zukünftigen Arbeiten eine wesentliche Hülfe sein.

Der Londoner Vortrag wurde zweimal gehalten. In seiner ersten Form vor der Institution of Electrical Engineers war er in manchen

Beziehungen eine Erweiterung verschiedener in dem New Yorker Vortrage nicht ausführlich erörterten Punkte, er enthielt jedoch auch viele weiteren Entdeckungen und neue Untersuchungen. Seine Wiederholung in anderer Form vor der Royal Institution geschah auf Veranlassung von Prof. Dewar, welcher mit Lord Rayleigh ein sehr lebhaftes Interesse an Tesla's Arbeiten bekundete und dessen Freundlichkeit wieder einmal die grosse Liebe der Engländer zu wissenschaftlicher Forschung und die Werthschätzung ihrer Jünger deutlich zeigte. Als unermüdlicher Experimentator war Tesla sicher nirgends mehr zu Hause als an der ehemaligen Wirkungsstätte Faraday's und als Gast von Faraday's Nachfolger. In diesem Vortrage vor der Royal Institution wurden die Hauptpunkte der Tesla'schen Arbeiten auf dem Gebiete hoher Spannung und hoher Frequenz kurz zusammengestellt, und diese werthvolle summarische Zusammenstellung eines keineswegs leicht zu verstehenden Gegenstandes können wir uns hier zu Nutze machen.

Bei diesen Londoner Vorträgen war der erste der vielen bemerkenswerthen Punkte, auf welche hingewiesen wurde, die Schwierigkeit, Wechselstrommaschinen zu bauen, welche die erforderlichen Frequenzen liefern. Um diese hohen Frequenzen zu erhalten, mussten mehrere hundert Polvorsprünge vorgesehen werden, welche nothwendig klein waren und viele Unannehmlichkeiten darboten und zwar um so mehr, als man ausserordentlich hohe Umfangsgeschwindigkeiten zu Hülfe nehmen musste. Bei einigen der ersten Maschinen hatte sowohl der Anker wie das Feld polare Vorsprünge. Diese Maschinen verursachten ein seltsames Geräusch, besonders wenn der Anker aus dem Zustande der Ruhe anging, während das Feld geladen war. Als wirksamste Maschine erwies sich eine mit Trommelanker, dessen Eisenkörper aus sehr dünnem, mit besonderer Sorgfalt ausgeglühtem Draht bestand. Es war natürlich erwünscht, die Anwendung von Eisen im Anker zu vermeiden, und es wurden verschiedene Maschinen dieser Art mit stationären oder beweglichen Leitern gebaut, indessen waren die erhaltenen Resultate nicht ganz zufriedenstellend wegen der grossen dabei zu Tage tretenden mechanischen und anderen Schwierigkeiten.

Das Studium der Eigenschaften der von solchen Maschinen erzeugten Ströme von hoher Frequenz ist sehr interessant, da beinahe jeder Versuch etwas Neues offenbart. Zwei von einem solchen Strome durchflossene Spulen ziehen einander an oder stossen einander ab mit einer Kraft, welche infolge der Unvollkommenheit unseres Gefühlssinnes kontinuirlich zu sein scheint. Eine interessante Beobachtung, die allerdings schon früher unter anderer Form gemacht wurde, ist die, dass ein

Eisenstück, welches von einer vom Strome durchflossenen Spule umgeben ist, kontinuirlich magnetisirt zu werden scheint. Diese scheinbare Kontinuität könnte der Unvollkommenheit unseres Gefühls zugeschrieben werden, indessen hat man Beweise dafür, dass bei Strömen von so hohen Frequenzen einer der Stromimpulse den anderen überwiegt.

Wie zu erwarten ist, werden von solchen Strömen durchflossene Leiter wegen der Zunahme des Widerstandes rasch erhitzt und im Eisen sind die Wärmewirkungen verhältnissmässig viel grösser. Die Hysteresisverluste im Eisen sind so gross, dass ein, selbst fein untertheilter Eisenkern in unglaublich kurzer Zeit erhitzt wird. Um eine Vorstellung hiervon zu geben, sei bemerkt, dass ein ca. 1,5 mm starker, in eine Spule von 250 Windungen hineingesteckter Eisenkern bei einem durch die Spule gehenden Strome von etwa 5 Ampère innerhalb zwei Sekunden so heiss wird, dass er Holz versengt. Jenseits einer bestimmten Frequenz übt ein Eisenkern, mag er noch so sehr untertheilt sein, eine dämpfende Wirkung aus, und man konnte leicht einen Punkt finden, bei welchem der scheinbare Widerstand der Spule durch die Gegenwart eines aus einem Bündel sehr dünner gut ausgeglühter und mit Firniss überzogener Eisendrähte bestehenden Eisenkernes nicht beeinflusst wurde.

Versuche mit einem Telephon, einem Leiter in einem starken magnetischen Felde oder mit einem Kondensator oder Lichtbogen scheinen zu beweisen, dass Töne, wenn mit genügender Stärke erzeugt, weit über die gewöhnlich angenommene Grenze der Hörbarkeit wahrgenommen werden können. Der von solchen Strömen erzeugte Lichtbogen besitzt manche interessante Eigenthümlichkeiten. Gewöhnlich sendet er einen Ton aus, dessen Höhe der doppelten Frequenz des Stromes entspricht; wird aber die Frequenz hinreichend hoch, so wird er geräuschlos, wobei die Grenze der Hörbarkeit hauptsächlich durch die linearen Dimensionen des Bogens bestimmt wird. Eine merkwürdige Eigenschaft des Bogens ist seine Beständigkeit, welche theilweise davon herrührt, dass die Gassäule nicht im Stande ist sich abzukühlen und dadurch ihren Widerstand erheblich zu vergrössern, wie es bei niedrigen Frequenzen der Fall ist, und theilweise dem Umstande zuzuschreiben ist, dass eine solche Maschine für hohe Frequenz einen konstanten Strom zu unterhalten sucht.

In Verbindung mit diesen Maschinen bildet der Kondensator den Gegenstand eines besonders interessanten Studiums. Durch zweckmässige Regulirung der Kapacität und Selbstinduktion können überraschende Wirkungen hervorgebracht werden. Man kann leicht die elektromotorische Kraft der Maschine durch einfache Regulirung der Kapacität eines in den inducirten Stromkreis eingeschalteten Kondensators auf ein Vielfaches ihres ursprünglichen Werthes steigern. Befindet sich der Kondensator in einiger Entfernung von der Maschine, so kann der Spannungsunterschied an den Klemmen der letzteren nur ein kleiner Bruchtheil desjenigen am Kondensator sein.

Die interessantesten Erfahrungen aber macht man, wenn die Spannung der von der Maschine gelieferten Ströme mittels einer Induktionsspule erhöht wird. Infolge der enormen Aenderungen, welche im primären Strome erreichbar sind, werden weit höhere Spannungsdifferenzen erhalten als mit Spulen, die in der gewöhnlichen Weise betrieben werden, und infolge der hohen Frequenz besitzt die sekundäre Entladung viele überraschende Eigenthümlichkeiten. Beide Elektroden verhalten sich im Allgemeinen in gleicher Weise, obwohl aus einigen Beobachtungen hervorgeht, dass der eine Stromimpuls, wie oben erwähnt, den andern überwiegt.

Die physiologischen Wirkungen der Hochspannungsentladung erweisen sich als so gering, dass der Schlag der Spule ohne jede Unannehmlichkeit ertragen werden kann, abgesehen vielleicht von einem durch die Entladung verursachten geringfügigen Verbrennen, wenn man die Hand einer der Klemmen nähert. Die entschieden geringeren physiologischen Wirkungen dieser Ströme haben nach Tesla's Ansicht ihren Grund entweder in einer verschiedenen Vertheilung durch den Körper oder darin, dass die Gewebe wie Kondensatoren wirken. Im Falle einer Induktionsspule mit sehr vielen Windungen jedoch rührt die Harmlosigkeit der Enladung hauptsächlich von dem Umstande her, dass in dem äusseren Stromkreise, wenn derselbe durch den Körper des Experimentators geschlossen ist, wegen des grossen scheinbaren Widerstandes der Spule die nutzbare Energie nur gering ist.

Durch Variirung der Frequenz und Stärke der durch den Primärkreis der Spule fliessenden Ströme lässt sich der Charakter der sekundären Entladung stark verändern und es können nicht weniger als fünf verschiedene Formen beobachtet werden: Eine schwache empfindliche fadenförmige Entladung, eine kräftige flammenartige Entladung und drei Formen von pinselartigen oder Büschelentladungen. Jede von diesen besitzt gewisse bemerkenswerthe Eigenthümlichkeiten, aber das Studium der letzteren ist am interessantesten.

Unter gewissen Bedingungen gehen die Lichtströme, welche vermuthlich von der heftigen Hinundherbewegung der Luftmoleküle herrühren, frei von allen Punkten der Spule aus und zwar selbst durch eine dicke Isolation hindurch. Wenn der geringste Luftzwischenraum zwischen der primären und sekundären Wickelung besteht, so werden sich Lichtbüschel daselbst bilden und die Spule durch allmähliche Erwärmung der Isolation beschädigen. Da sie auch bei gewöhnlichen Frequenzen entstehen, wenn die Spannung ausserordentlich hoch ist, so muss der Luftraum sorgfältig vermieden werden. Diese Lichtströme bei hoher Frequenz unterscheiden sich im Aussehen und in ihren Eigenschaften von den durch eine statische Maschine hervorgebrachten. Der von ihnen erzeugte Wind ist gering und würde ganz und gar aufhören, wenn noch beträchtlich höhere Frequenzen erreicht werden könnten. Eine Besonderheit ist die, dass sie ebenso leicht von Flächen wie von Spitzen ausströmen. Infolge dessen wird ein Metallflügel, der frei drehbar auf einem der Pole der Spule angebracht ist und der auf einer seiner beiden Seiten mit Isolationsmaterial bedeckt ist, rasch herumgedreht. Ein solcher Flügel würde bei einer gleichbleibenden Spannung nicht rotiren, bei einer Spule für hohe Frequenz aber wird er sich drehen, auch wenn er ganz und gar mit Isolationsmaterial bedeckt ist, vorausgesetzt, dass die Isolation auf der einen Seite entweder dicker ist oder eine höhere specifische Induktionskapacität besitzt. Ein Crookes'sches elektrisches Radiometer dreht sich ebenfalls herum, wenn es mit einem der Pole der Spule verbunden ist, aber nur bei sehr starker Evakuirung oder bei gewöhnlichen Luftdrucken.

Es giebt noch eine andere und auffälligere Eigenthümlichkeit einer solchen Büschelentladung bei hoher Frequenz, nämlich die, dass sie heiss ist. Die Hitze ist bei Frequenzen von etwa 10000 leicht wahrnehmbar, auch wenn die Spannung nicht ausserordentlich hoch ist. Die Wärmewirkung rührt natürlich von den molekularen Stössen und Kollisionen her. Könnten die Frequenz und die Spannung weit genug gesteigert werden, so könnte ein Lichtbüschel erzeugt werden, welches in jeder Beziehung einer Flamme gliche und Licht und Wärme gäbe, ohne dass jedoch chemische Processe stattfänden.

Das glühende Büschel gleicht, wenn in geeigneter Weise hervorgebracht, einer unter grossem Drucke brennenden Gasflamme und sendet einen ausserordentlich starken Ozongeruch aus. Die grosse ozonisirende Wirkung ist dem Umstande zuzuschreiben, dass die Bewegung der Luftmoleküle in einem solchen Büschel heftiger ist als in dem gewöhnlichen Büschel einer statischen Maschine. Die mächtigsten Büschelentladungen aber wurden hervorgebracht mit Strömen von viel höheren Frequenzen, als man mit Hülfe der Wechselstrommaschinen zu erreichen vermochte. Diese Ströme wurden durch disruptive Entladung eines Kondensators und Erzeugung von Oscillationen hervorgebracht. Auf diese Weise wurden Ströme von einer Frequenz von einigen Hunderttausend Wechseln erhalten.

Ströme dieser Art erzeugen, wie Tesla darlegte, überraschende Effekte. Bei solchen Frequenzen ist der scheinbare Widerstand einer Kupferstange so gross, dass eine Potentialdifferenz von mehreren Hundert Volt zwischen zwei Punkten einer kurzen dicken Stange erhalten werden kann und es möglich ist, eine gewöhnliche Glühlampe bei voller Kerzenstärke zu brennen, indem man die Klemmen der Lampe mit zwei nicht mehr als einige Centimeter von einander abstehenden Punkten der Stange verbindet. Wenn die Frequenz ausserordentlich hoch ist, so ergeben sich Knoten an einer solchen Stange und es ist leicht, den Ort derselben mit Hülfe einer Lampe zu bestimmen.

Durch eine solche Umwandlung der Hochspannungsentladungen einer Spule für niedrige Frequenz war es möglich, einige Lampen in dem gewöhnlichen Stromkreise im Laboratorium zu brennen, und indem man die Undulation auf ein niedriges Maass reducirte, vermochte man kleine Motoren zu betreiben.

Diese Methode gestattet auch die Umwandlung hochgespannter Entladungen einer Richtung in gleichgerichtete Ströme von niedriger Spannung, indem man den Stromkreis so adjustirt, dass keine Oscillationen stattfinden. Schickt man die oscillirenden Entladungen durch die primäre Wickelung einer besonders konstruirten Spule, so kann man leicht enorme Potentialdifferenzen mit nur wenig Windungen der sekundären Wickelung erhalten.

Bei der Herstellung einer brauchbaren Spule nach diesem Systeme begegnete Tesla zunächst grossen Schwierigkeiten. Es erwies sich als nothwendig, alle Luft oder überhaupt gasförmige Materie von den geladenen Flächen fernzuhalten, und man musste zur Oelisolation seine Zuflucht nehmen. Die benutzten Drähte wurden mit einer starken Schicht Guttapercha überzogen und in Oel gewickelt, oder die Luft wurde mittels einer Sprengel'schen Pumpe ausgepumpt. Die allgemeine Anordnung war die folgende: Eine gewöhnliche von einer Wechselstrommaschine niedriger Frequenz bethätigte Induktionsspule wurde zur Ladung von Leydener Flaschen benutzt. Die Flaschen entluden über eine einzige oder über mehrere Luftstrecken durch den Primärkreis der zweiten Spule hindurch. Um die Wirkung der Luftstrecke zu sichern, wurde der Lichtbogen durch einen Magnet oder ein Luftgebläse ausgeblasen. Um die Spannung in dem sekundären Kreise zu reguliren, wurde ein kleiner Oelkondensator benutzt oder es wurden polirte Messingkugeln von verschiedenen Grössen auf die Pole aufgeschraubt und ihr Abstand regulirt.

Wenn die Verhältnisse jedem Versuche entsprechend sorgfältig regulirt waren, wurden prächtige Wirkungen erzielt. Zwei durch das Zimmer ausgespannte Drähte, von denen jeder mit einem der Pole der Spule verbunden war, sandten so kräftige Lichtbüschel aus, dass man bei dem von ihnen erzeugten Lichte die Gegenstände in dem Zimmer unterscheiden konnte; die Drähte wurden leuchtend, selbst wenn dieselben mit dicker und ausgezeichneter Isolation bedeckt waren. Wenn zwei gerade Drähte oder zwei koncentrische Drahtkreise mit den Polen verbunden und in die geeignete Entfernung von einander gebracht waren, so wurde zwischen ihnen eine gleichmässig leuchtende Fläche erzeugt. Es war auf diese Weise möglich, eine Fläche von mehr als einem Quadratmeter Inhalt vollständig mit Lichtströmungen zu bedecken. Indem man an dem einen Pole einen grossen Drahtkreis und an dem anderen Pole eine kleine Kugel befestigte, wurden die Ströme nach der Kugel hin gerichtet, erzeugten einen hell leuchtenden Fleck auf der Kugel und boten den Anblick eines leuchtenden Kegels dar. Ein sehr dünner Draht, der auf eine sehr dicke Hartgummiplatte aufgeklebt war, auf deren Rückseite eine Stanniolbelegung befestigt war, wurde intensiv leuchtend, wenn die Belegung mit dem andern Pole der Spule verbunden wurde. Ein solcher Versuch lässt sich auch mit Strömen niedriger Frequenz ausführen, aber mit weit geringerem Erfolge.

Werden die Pole einer solchen Spule, mag dieselbe auch sehr klein sein, durch eine Gummi- oder Glasplatte getrennt, so breitet sich die Entladung über die Platte in der Form von Büscheln, Fäden oder hellen Funken aus und bietet ein prachtvolles Schauspiel, welches nicht durch die grösste in der gewöhnlichen Weise betriebene Spule hervorgebracht werden könnte. Durch eine einfache Regulirung ist es möglich, mit der Spule eine Reihe glänzender Funken, genau so wie mit einer Holtz'schen Maschine hervorzubringen.

Unter gewissen Bedingungen sieht man, wenn die Frequenz der Oscillation sehr gross ist, weisse, gespensterhafte Lichtströme aus den Polen der Spule hervorbrechen. Die besonders interessante Eigenthümlichkeit derselben ist, dass sie frei gegen die ausgestreckte Hand oder einen andern leitenden Gegenstand hinströmen, ohne irgend welche Empfindung hervorzurufen, und die Hand kann dem Pole sehr weit genähert werden, ohne dass ein Funken überspringt. Dies hat vermuthlich darin seinen Grund, dass ein erheblicher Theil der Energie in den Büscheln mit fortgeführt oder zerstreut und die Potentialdifferenz zwischen dem Pole und der Hand vermindert wird.

Es zeigt sich bei derartigen Versuchen, dass die Frequenz der Schwingung und die Schnelligkeit der Aufeinanderfolge der Funken zwischen den Knöpfen in bemerkenswerthem Grade das Aussehen der Lichtströme beeinflusst. Wenn die Frequenz sehr gering ist, giebt die Luft in mehr oder weniger gleicher Weise nach, wie bei einer konstanten Potentialdifferenz, und die Strömungen bestehen aus deutlich unterscheidbaren Fäden, im Allgemeinen untermischt mit kleinen Funken, welche wahrscheinlich den auf einander folgenden Entladungen zwischen den Knöpfen entsprechen. Wenn aber die Frequenz sehr hoch ist und der Entladungsbogen einen lauten und gleichmässigen Ton hervorbringt (was sowohl darauf hinweist, dass eine Oscillation stattfindet, als auch darauf, dass die Funken einander mit grosser Schnelligkeit folgen), so sind die gebildeten Lichtströme vollkommen homogen. Dieselben sind im Allgemeinen von purpurner Farbe, sie nehmen aber eine weisse Farbe an, wenn die molekularen Schwingungen durch Erhöhung der Spannung verstärkt werden.

Die Lichtintensität der Büschel wächst rasch, wenn die Spannung steigt; und bei Frequenzen von nur wenigen Hunderttausend würde, wenn die Spule einer genügend hohen Spannungsdifferenz zu widerstehen vermöchte, der Raum um den Draht zweifellos ein starkes Licht aussenden können, und zwar nur infolge der heftigen Bewegung der Luftmoleküle bei gewöhnlichem Drucke.

Derartige Entladungen von sehr hoher Frequenz, welche die Luft bei gewöhnlichem Drucke leuchtend machen, können wir höchstwahrscheinlich in den Nordlichtern beobachten. Nach vielen dieser Versuche ist man berechtigt zu schliessen, dass plötzliche kosmische Störungen, wie z. B. die Eruptionen der Sonne, die elektrostatische Ladung der Erde in eine ausserordentlich schnelle Schwingung versetzen und durch die heftige Bewegung der Luft in den oberen und selbst in den niederen Luftschichten das Glühen hervorbringen. Man glaubt, dass, wenn die Frequenz gering wäre, oder noch mehr, wenn die Ladung überhaupt nicht in schwingenden Zustand käme, die unteren dichten Luftschichten wie bei einer Blitzentladung durchschlagen würden. Anzeichen eines solchen Durchschlagenwerdens sind wiederholt beobachtet worden, doch können sie den Fundamentalstörungen, deren Anzahl gering ist, zugeschrieben werden, da die darüber gelagerten Schwingungen so rasch erfolgen würden, dass sie ein disruptives Durchschlagen nicht gestatten.

Das Studium dieser Entladungserscheinungen hat T e s l a zur Erkenntniss einiger wichtigen Thatsachen geführt. Er fand, wie bereits erwähnt, dass gasförmige Materie von jedem Dielektrikum, welches grossen rasch wechselnden elektrostatischen Spannungen ausgesetzt ist, auf das sorgfältigste ferngehalten werden muss. Da es schwierig ist, das Gas vollkommen auszuschliessen, wenn feste Isolatoren benutzt werden, ist es nothwendig, zu flüssigen Dielektriken seine Zuflucht zu nehmen. Wird ein festes Dielektrikum benutzt, so macht es wenig aus, wie dick und wie gut es ist; ist Luft vorhanden, so bilden sich Büschel, welche allmählich das Dielektrikum erwärmen und seine Isolationsfähigkeit schwächen, und die Entladung schlägt schliesslich durch. Unter gewöhnlichen Verhältnissen sind die besten Isolatoren diejenigen, welche die höchste specifische Induktionskapacität besitzen, aber solche Isolatoren sind nicht die besten, wenn man mit solchen Strömen von hoher Frequenz arbeitet, da in den meisten Fällen die höhere specifische Induktionskapacität eher ein Nachtheil ist. Die Haupteigenschaft des isolirenden Mediums für solche Ströme ist seine Kontinuität. Aus diesem Grunde hauptsächlich muss man flüssige Isolatoren, wie z. B. Oele, anwenden. Wenn zwei mit den Polen der Spule verbundene Metallplatten in Oel getaucht und in einer gewissen Entfernung von einander aufgestellt werden, so kann die Spule eine beliebig lange Zeit in Wirksamkeit bleiben, ohne dass ein Durchschlagen stattfindet oder ohne dass das Oel erwärmt wird; wenn aber Luftblasen eingeführt werden, so werden sie leuchtend; die Luftmoleküle erwärmen das Oel infolge ihres Anprallens gegen dasselbe und nach einiger Zeit bewirken sie, dass die Isolation nachgiebt. Wenn an Stelle des Oeles eine Platte des besten festen Dielektrikums, selbst wenn dieselbe mehrere Male dicker ist als die zwischen den Metallplatten befindliche Oelschicht, zwischen die Metallplatten gebracht wird, so wird das Dielektrikum, da die Luft freien Zutritt zu den geladenen Flächen hat, unter allen Umständen erwärmt und durchschlagen.

Die Anwendung von Oel ist auch bei niedrigen Frequenzen zweckmässig oder nothwendig, wenn die Spannungen so hoch sind, dass sich Lichtbüschel bilden, aber nur in solchen Fällen, wie sich aus der Theorie der Wirkung ergiebt. Sind die Spannungen so niedrig, dass sich keine Lichtbüschel bilden, dann ist es sogar nachtheilig, Oel zu verwenden, da dasselbe, hauptsächlich durch Verhinderung der Ausbreitung der Wärme, die Ursache für das Durchbrennen der Isolation werden kann.

Die Ausschliessung gasförmiger Materie ist nicht nur mit Rücksicht auf die Sicherheit der Apparate, sondern auch mit Rücksicht auf die Oekonomie wünschenswerth, besonders bei einem Kondensator, bei welchem infolge des Vorhandenseins von Luft eine beträchtliche Energieverschwendung stattfinden kann, wenn die elektrische Dichtigkeit auf den geladenen Oberflächen gross ist.

Im Verlaufe dieser Untersuchungen wurde eine Erscheinung von besonderem wissenschaftlichen Interesse beobachtet. Dieselbe kann unter die bürsten- oder pinselartigen Erscheinungen einrangirt werden; in der That ist es eine Art Pinsel, der sich an einem einzigen Pole oder in der Nähe desselben im hohen Vakuum bildet. In einer Lampenbirne mit einer leitenden Elektrode, auch wenn die letztere aus Aluminium besteht, hat das Büschel nur eine sehr kurze Dauer, in einer Glasbirne aber, welche gar keine Elektrode aus leitendem Materiale enthält, kann dasselbe eine beträchtliche Zeit hindurch erhalten werden. Um die Erscheinung beobachten zu können, verwendet man am besten eine grosse kugelförmige Lampenbirne, in deren Mitte sich eine kleine Birne befindet, die von einer an der Fassung der ersteren angeschmolzenen Röhre getragen wird. Ist die grosse Kugel stark evakuirt und die kleine Birne mit einem der Pole der Spule verbunden, so erscheint unter gewissen Umständen ein dichter Nebel um die kleine Birne, welcher nach Durchlaufen einiger Zwischenstadien die Form eines Pinsels annimmt, der senkrecht steht zu der die kleine Birne tragenden Röhre. Hat das Büschel diese Form angenommen, so kann es in einen Zustand ausserordentlicher Empfindlichkeit gegen elektrostatische und magnetische Einflüsse gebracht werden. Wenn die Birne gerade herunterhängt und alle Gegenstände von ihr entfernt worden sind, so wird die Annäherung des Beobachters auf einige Schritte zur Folge haben, dass das Büschel nach der entgegengesetzten Seite fliegt, und wenn der Beobachter um die Birne herumgeht, so richtet sich das Büschel stets nach der entgegengesetzten Seite. Dasselbe kann anfangen sich um den Pol herum zu bewegen, lange bevor es jenen empfindlichen Zustand erreicht. Besonders, wenn es sich zu drehen beginnt, aber auch schon vorher, wird dasselbe durch einen Magneten beeinflusst und in einem gewissen Stadium ist es gegen magnetische Influenz in erstaunlichem Maasse empfindlich. Ein kleiner permanenter Magnet, dessen Pole nicht mehr als zwei Centimeter Abstand von einander haben, wird das Lichtbüschel bis auf eine Entfernung von zwei Metern deutlich beeinflussen und zwar die Rotation desselben entweder verlangsamen oder beschleunigen je nach der relativen Stellung, in welcher der Magnet gegen das Büschel gehalten wird.

Hängt die Birne nebst der Kugel nach unten, so geschieht die Drehung stets in der Richtung des Uhrzeigers. Auf der südlichen Halbkugel würde dieselbe in der entgegengesetzten Richtung stattfinden und am magnetischen Aequator würde sich das Büschel überhaupt nicht drehen. Die Rotation kann durch einen in gewisser Entfernung gehaltenen Magnet umgekehrt werden. Das Büschel rotirt anscheinend am besten, wenn dasselbe rechtwinklig zu den Kraftlinien der Erde steht. Es rotirt höchst wahrscheinlich, bei seiner maximalen Geschwindigkeit, synchron mit den Wechseln etwa 10 000 mal in der Sekunde. Die Rotation kann durch Annäherung oder Entfernung des Beobachters oder irgend eines leitenden Körpers verlangsamt oder beschleunigt werden, aber sie kann nicht dadurch umgekehrt werden, dass man die Lampenbirne in irgend welche Lage bringt. Sehr merkwürdige Versuche können mit dem Büschel im Stadium seiner grössten Empfindlichkeit angestellt werden. Z. B. kann der Experimentator, während das Büschel in einer Lage bleibt, nach Wahl einer passenden Stellung die Hand bis auf einen gewissen beträchtlichen Abstand der Birne nähern und durch blosse Anspannung der Armmuskeln eine Bewegung des Büschels veranlassen, indem die blosse Aenderung der Konfiguration des Armes und die dadurch erzeugte kaum wahrnehmbare Verschiebung hinreicht, um das Gleichgewicht zu stören. Wenn das Büschel langsam zu rotiren beginnt und die Hände in passender Entfernung gehalten werden, so kann man nicht die geringste Bewegung machen, ohne eine sichtbare Wirkung auf dasselbe hervorzubringen. Eine mit dem andern Pole der Spule verbundene Metallplatte beeinflusst das Büschel schon in grosser Entfernung und verlangsamt die Rotation desselben oft bis auf einen Umlauf in der Sekunde.

Tesla hofft, dass diese Erscheinung sich als werthvolle Hülfe bei der Untersuchung der Natur der in einem elektrostatischen oder magnetischen Felde wirkenden Kräfte erweisen wird. Wenn in dem Weltenraume irgend eine messbare Bewegung vor sich geht, so würde ein solches Lichtbüschel geeignet sein, sie zu offenbaren. Es ist so zu sagen ein Lichtstrahl, der reibungslos und ohne Trägheit ist. Mit Rücksicht auf seine wunderbare Empfindlichkeit gegen elektrostatische oder magnetische Störungen kann es möglicher Weise ein Mittel sein, um Signale mit jeder beliebigen Geschwindigkeit durch submarine Kabel zu senden oder selbst einen Gedankenaustausch ohne Drähte auf Entfernungen hin zu ermöglichen.

Bei dem Betriebe einer Induktionsspule mit solchen rasch wechselnden Strömen überrascht einen auf den ersten Blick die grosse Wichtigkeit der Beziehung zwischen Kapacität, Selbstinduktion und Frequenz für das allgemeine Resultat. Die vereinigte Wirkung dieser Elemente bringt viele merkwürdige Erscheinungen hervor. Beispielsweise werden zwei Metallplatten mit den Polen verbunden und in einer geringen Entfernung von einander aufgestellt, so dass ein Lichtbogen zwischen ihnen gebildet wird. Dieser Bogen verhindert, dass ein starker Strom durch die Spule fliesst. Wird der Lichtbogen durch Zwischenstellung einer

Glasplatte unterbrochen, so wirkt die Kapacität des so erhaltenen Kondensators der Selbstinduktion entgegen und es kann ein stärkerer Strom durch die Spule gesandt werden. Die Wirkungen der Kapacität sind am auffälligsten, da bei diesen Versuchen wegen der hohen Selbstinduktion und Frequenz die kritische Kapacität sehr gering ist und nur wenig verändert zu werden braucht, um sehr beträchtliche Aenderungen in der Wirkung hervorzurufen. Indem der Experimentator seinen Körper mit den Enden des Sekundärkreises der Spule in Berührung bringt oder an ein oder beide Enden isolirte Körper von sehr kleiner Ausdehnung wie z. B. evakuirte Glasbirnen befestigt, bringt derselbe eine bedeutende Erhöhung oder Erniedrigung der Spannung in dem sekundären Kreise hervor und übt auf das Fliessen des Stromes durch die primäre Spule einen erheblichen Einfluss aus.

Bei einigen der beobachteten Erscheinungen spielt das Vorhandensein der Luft oder, allgemein gesprochen, eines Mediums von gasförmiger Beschaffenheit (wo dieser Ausdruck nicht zur Bezeichnung specifischer Eigenschaften, sondern im Gegensatz zu homogenen oder vollkommen kontinuirlichen Körpern gebraucht ist) eine wichtige Rolle, da durch sie eine Zerstreuung der Energie infolge des Zusammenstossens oder des Bombardements der Moleküle herbeigeführt wird. Die Wirkung wird in folgender Weise erklärt: Wenn ein isolirter mit einem Pole der Spule verbundener Körper plötzlich zu hohem Potential geladen wird, so wirkt er induktiv auf die umgebende Luft oder das gerade vorhandene gasförmige Medium. Die in seiner Nähe befindlichen Moleküle oder Atome werden natürlich mehr angezogen und bewegen sich über eine grössere Entfernung als die weiter abgelegenen. Wenn die nächsten Moleküle den Körper treffen, werden sie abgestossen und es finden innerhalb der Entfernung, auf welche die Induktion wirkt, Zusammenstösse statt. Es ist nun klar, dass, wenn das Potential konstant ist, nur wenig Energieverlust auf diese Weise verursacht werden kann, da die dem Körper am nächsten befindlichen Moleküle, nachdem sie durch Berührung mit demselben einen Ladungsüberschuss erhalten haben, nicht eher wieder angezogen werden, als bis sie, wenn nicht den ganzen Ladungsüberschuss, doch wenigstens den grössten Theil desselben abgegeben haben, was nur nach sehr vielen Zusammenstössen der Fall sein kann. Dies ergiebt sich aus dem Umstande, dass bei konstantem Potential nur wenig Energieverlust in trockener Luft stattfindet. Ist das Potential aber nicht konstant, sondern alternirend, so sind die Verhältnisse völlig verschieden. In diesem Falle findet ein rythmisches Bombardement statt, mögen nun die Moleküle, nachdem sie mit dem

Körper in Berührung gekommen, die ihnen mitgetheilte Ladung verlieren oder nicht, und, falls sie die Ladung nicht verlieren, sind die Zusammenstösse um so heftiger. Trotzdem würde, wenn die Frequenz der Stromimpulse sehr klein ist, der durch das Anprallen und die Zusammenstösse verursachte Verlust nicht sehr gross sein, wenn nicht das Potential ausserordentlich hoch wäre. Werden aber äusserst hohe Frequenzen und mehr oder weniger hohe Potentiale benutzt, so kann der Verlust sehr bedeutend sein. Der Gesammtenergieverlust per Zeiteinheit ist proportional dem Produkt aus der Anzahl der Zusammenstösse per Sekunde oder der Frequenz und der bei jedem Zusammenstoss verlorenen Energie. Die Energie eines Zusammenstosses muss aber dem Quadrat der elektrischen Dichtigkeit des Körpers proportional sein, wenn man annimmt, dass die dem Molekül mitgetheilte Ladung jener Dichtigkeit proportional ist. Man schliesst hieraus, dass der Gesammtenergieverlust proportional sein muss dem Produkt aus der Frequenz und dem Quadrat der elektrischen Dichtigkeit. Dies Gesetz bedarf aber der experimentellen Bestätigung. Nimmt man die vorigen Betrachtungen als richtig an, so kann dadurch, dass man das Potential eines in einem isolirenden gasförmigen Medium enthaltenen Körpers sehr rasch wechselt, jeder beliebige Energiebetrag in den Raum zerstreut werden. Der grösste Theil dieser Energie wird dann nicht in Form langer Aetherwellen, die sich auf beträchtliche Enfernungen fortpflanzen, wie man allgemein glaubt, zerstreut, sondern in den durch die Zusammenstösse verursachten Verlusten, d. h. in Wärmeschwingungen, an der Oberfläche und in der Umgebung des Körpers verzehrt. Um diese Energiezerstreuung zu vermindern, muss man mit einer kleinen elektrischen Dichtigkeit arbeiten, und zwar mit einer um so kleineren, je höher die Frequenz ist.

Das Verhalten eines gasförmigen Mediums solchen rapiden Spannungswechseln gegenüber macht es wahrscheinlich, dass elektrostatische Störungen der Erde, welche durch kosmische Ereignisse hervorgerufen werden, einen grossen Einfluss auf die meteorologischen Verhältnisse ausüben. Wenn solche Störungen eintreten, so sind sowohl die Frequenz der Schwingungen der Ladung wie die Spannung aller Wahrscheinlichkeit nach ausserordentlich hoch und die in Wärme umgewandelte Energie kann beträchtlich sein. Da die Dichtigkeit der elektrischen Vertheilung eine ungleichmässige sein muss, entweder infolge der Unregelmässigkeit der Erdoberfläche oder wegen des Zustandes der Atmosphäre an verschiedenen Orten, so würde demgemäss die erzeugte Wirkung von Ort zu Ort verschieden sein. Auf diese Weise können an einem Punkte der Erdoberfläche erhebliche Variationen in der Temperatur und dem Drucke der Atmosphäre stattfinden. Die Variationen können allmähliche oder sehr plötzliche sein, je nach der Natur der ursprünglichen Störung, und können Regen und Sturm erzeugen oder das Wetter an einem Orte irgendwie ändern.

Aus vielen im Laufe dieser Untersuchungen gesammelten Erfahrungen geht ziemlich sicher hervor, dass bei Blitzentladungen die Luft ein wichtiges Element ist. Beispielsweise könnte sich während eines Gewitters an einem Nagel oder einem spitzen Vorsprung eines Gebäudes ein Lichtbüschel bilden. Wenn ein Blitz irgendwo in der Nähe einschlägt, so kann die harmlose elektrostatische Entladung infolge der entstehenden Oscillationen den Charakter eines durch hohe Frequenz erzeugten Lichtbüschels annehmen und der Nagel oder der Vorsprung kann durch den heftigen Anprall der Luftmoleküle auf eine hohe Temperatur gebracht werden. Auf diese Weise könnte, wie Tesla glaubt, ein Haus in Brand gesteckt werden, ohne dass ein Blitzstrahl dasselbe trifft. In gleicher Weise können kleine Metallgegenstände geschmolzen oder verflüchtigt werden — wie es häufig bei Blitzentladungen vorkommt —, bloss weil dieselben von Luft umgeben sind. Wären sie in einem praktisch kontinuirlichen Medium, wie z. B. in Oel, enthalten, so würden sie wahrscheinlich geschützt sein, da die Energie anderswo verausgabt werden würde.

Ein instruktives auf diesen Gegenstand bezügliches Experiment ist folgendes: Man nimmt eine Glasröhre von ca. 25 mm Durchmesser und einigen Decimetern Länge, in welche ein Platindraht eingeschmolzen ist, der in der Mitte derselben von einem Ende bis zum andern hindurchgeht. Die Röhre ist mässig evakuirt. Geht ein konstanter Strom durch den Draht, so wird derselbe in allen Theilen gleichmässig erwärmt und das Gas in der Röhre hat nichts zu bedeuten. Wenn aber Entladungen hoher Frequenz durch den Draht geleitet werden, so wird derselbe an den Enden mehr als in dem mittleren Theile erhitzt, und wenn die Frequenz oder Aenderungsgeschwindigkeit hoch genug ist, so könnte der Draht auch in der Mitte entzwei geschnitten werden, denn die Erwärmung an den Enden rührt zum grössten Theile von dem verdünnten Gase her. Hier könnte das Gas nur wirken wie ein Leiter ohne scheinbaren Widerstand, indem es den Strom von dem Drahte ablenkt, da der scheinbare Widerstand des letzteren enorm zunimmt, und nur die Enden des Drahtes wegen des Widerstandes, den sie dem Durchgang der Entladung entgegensetzen, erwärmt. Es ist jedoch überhaupt nicht nothwendig, dass das Gas in der Röhre leitend sein müsse; es könnte sich unter ausserordentlich geringem Drucke befinden und doch würden die Enden des Drahtes erhitzt werden, jedoch, wie durch Versuche festgestellt wurde, nur wenn die beiden Enden in solchem Falle nicht durch das gasförmige Medium hindurch elektrisch verbunden waren. Was nun bei diesen Frequenzen und Potentialen in einer evakuirten Röhre eintritt, tritt auch bei der Blitzentladung bei gewöhnlichem Luftdrucke ein.

Aus der Leichtigkeit, mit welcher jeder beliebige Energiebetrag, durch ein Gas fortgeführt werden kann, folgert Tesla, dass die beste Methode, eine Blitzentladung unschädlich zu machen, darin besteht, dass man derselben in irgend einer Weise einen Durchgang durch ein Gasvolumen ermöglicht.

Die Erkenntniss einiger der erwähnten Thatsachen hat eine weitreichende Bedeutung für wissenschaftliche Untersuchungen, bei denen ausserordentlich hohe Frequenzen und Potentiale benutzt werden. In solchen Fällen ist die Luft als wichtiger Faktor in Betracht zu ziehen. Wenn z. B. zwei Drähte an den Polen der Spule befestigt werden, und es gehen Lichtströmungen von denselben aus, so findet eine Energiezerstreuung in der Form von Wärme und Licht statt und die Drähte verhalten sich wie ein Kondensator von grösserer Kapacität. Werden die Drähte in Oel eingetaucht, so wird die Energiezerstreuung verhindert oder mindestens reducirt, und die scheinbare Kapacität wird verringert. Die Wirkung der Luft würde es sehr schwierig machen, aus der gemessenen oder berechneten Kapacität eines Kondensators, bei welchem Luft eine Rolle spielt, seine wirkliche Kapacität oder Schwingungsperiode zu beurtheilen, besonders wenn der Kondensator von sehr geringer Oberfläche und zu einem sehr hohen Potential geladen ist. Da viele wichtige Resultate von der Richtigkeit der Beurtheilung der Schwingungsperiode abhängen, so erfordert dieser Gegenstand die sorgfältigste Untersuchung.

Bei Leydener Flaschen ist der von dem Vorhandensein der Luft herrührende Verlust verhältnissmässig gering, hauptsächlich wegen der grossen Oberfläche der Belegungen und der geringen äusseren Wirkung, aber wenn sich Büschel an dem Knopfe bilden, so kann der Verlust erheblich sein und die Schwingungsperiode beeinflusst werden. In einem Resonator ist die Dichtigkeit gering, aber die Frequenz ausserordentlich gross und kann einen erheblichen Fehler einführen. Jedenfalls scheint es sicher, dass die Schwingungsperioden eines geladenen Körpers in einem gasförmigen und in einem kontinuirlichen Medium, wie z. B. Oel, wegen der bereits erklärten Wirkung des ersteren verschieden sind.

Eine andere Thatsache von einiger Wichtigkeit, welche bei diesen Versuchen festgestellt wurde, ist die, dass bei dergleichen Untersuchungen die allgemeinen Betrachtungen betreffend die statische Schirmwirkung nicht anwendbar sind, wenn ein gasförmiges Medium vorhanden ist. Dies geht aus folgendem Versuche hervor: Eine kurze und weite Glasröhre wird mit einer dicken Schicht Broncepulver bedeckt, welche das Licht kaum ein wenig durchscheinen lässt. Die Röhre wird stark evakuirt und an einem metallenen Haken am Ende eines Drahtes aufgehängt. Wird der Draht mit einem der Pole der Spule verbunden, so wird das Gas innerhalb der Röhre trotz der metallenen Umkleidung erleuchtet. Hiernach schirmt offenbar das Metall das Gas im Innern der Röhre nicht, wie man glauben sollte, selbst wenn es sehr dünn und schlecht leitend ist. Und doch schirmt im Ruhezustande die Metallbekleidung, mag sie auch noch so dünn sein, das Innere vollständig.

Eins der interessantesten Resultate, zu welchen Tesla im Verlaufe dieser Versuche gelangte, ist der Beweis der Thatsache, dass ein gasförmiges Medium, welchem durch rapide Aenderungen des elektrostatischen Potentials ein Schwingungszustand mitgetheilt ist, sich wie ein starrer Körper verhält. Zur Erläuterung dieses Resultats möge ein von Tesla ausgeführter Versuch erwähnt werden: Eine Glasröhre von etwa 25 mm Durchmesser und 90 cm Länge, welche aussen an ihren Enden mit Kondensatorbelegungen versehen war, wurde bis zu einem gewissen Punkte evakuirt und an einem die obere Belegung mit dem einen Pole der Spule verbindenden Drahte frei aufgehängt. Die Entladung zeigte sich dann in der Form eines durch die Achse der Röhre hindurchgehenden leuchtenden Fadens. Gewöhnlich war der Faden in dem oberen Theile der Röhre scharf begrenzt und verlor sich nach dem unteren Theile zu. Wenn ein Magnet oder der Finger schnell in der Nähe des oberen Theiles des leuchtenden Fadens vorübergeführt wurde, so wurde der letztere durch magnetische oder elektrostatische Influenz aus seiner Lage gebracht und es bildete sich eine transversale Schwingung, ähnlich derjenigen einer aufgehängten Saite, mit einem oder mehreren Knoten, welche einige Minuten andauerte und dann allmählich erlosch. Durch Aufhängung von Metallplatten verschiedener Grösse an der unteren Kondensatorbelegung wurde die Geschwindigkeit der Schwingung variirt. Diese Schwingung scheint zweifellos darzuthun, dass der Faden mindestens gegenüber transversalen Verschiebungen sich wie ein starrer Körper verhält.

Viele Versuche wurden ausgeführt, um diese Eigenschaft in Luft bei gewöhnlichem Drucke nachzuweisen. Obwohl hierfür kein positiver

Beweis erbracht werden konnte, glaubt Tesla doch, dass, wenn die Frequenz weit genug getrieben werden könnte, ein bei so hoher Frequenz auftretender Lichtpinsel oder Lichtbüschel entschieden wie ein starrer Körper sich verhalten würde. Es könnte dann eine kleine Kugel innerhalb desselben ganz frei bewegt werden, wenn die Kugel aber gegen dasselbe bewegt würde, würde sie zurückprallen. Eine gewöhnliche Flamme kann nicht in ausgeprägtem Maasse Starrheit besitzen, da die Schwingung keine bestimmte Richtung besitzt; ein elektrischer Bogen aber muss nach Ansicht Tesla's diese Eigenschaft mehr oder weniger besitzen. Ein in einer Lampenbirne durch wiederholte Entladungen einer Leydener Flasche erregter Lichtstreifen muss ebenfalls Starrheit besitzen und würde, wenn deformirt und plötzlich losgelassen, hin- und herschwingen.

Aus gleichen Betrachtungen können andere interessante Folgerungen gezogen werden. Das den Raum erfüllende Medium besteht höchst wahrscheinlich aus von einander unabhängigen Molekülen, die in ein isolirendes Fluidum tauchen. Nimmt man an, dass durch dieses Medium hindurch ungeheure elektrostatische Spannungen wirken, welche sehr rasch in ihrer Stärke variiren, so würde dasselbe die Bewegung eines Körpers durch sich hindurch gestatten, und doch würde es starr und elastisch sein, obwohl dem Fluidum selbst diese Eigenschaften fehlen könnten. Ferner würde unter der Annahme, dass die unabhängigen Moleküle derart gestaltet sind, dass der Widerstand des Fluidums gegen Bewegung in einer Richtung grösser ist als in einer andern, eine derartige Spannung bewirken, dass die Moleküle sich zu Gruppen anordnen, indem sie die Seiten grösster elektrischer Dichtigkeit einander zuwenden würden, in welcher Lage der Widerstand des Fluidums gegen Annäherung geringer wäre als gegen das Zurückweichen. Wenn in einem Medium von den obigen charakteristischen Eigenthümlichkeiten durch ein konstantes Potential ein Lichtbüschel gebildet würde, so würde beständig ein Wechsel der Moleküle stattfinden und es würden in dem Lichtbüschel weniger Moleküle per Volumeneinheit vorhanden sein als in dem Raume in einer gewissen Entfernung von der Elektrode, welche Entfernung von der Verdünnung abhängt. Wenn das Potential sich dagegen rasch änderte, so würde das Resultat ein sehr verschiedenes sein; je höher die Frequenz der Stromimpulse, um so langsamer würde der Wechsel der Moleküle stattfinden; schliesslich würde die Translationsbewegung durch messbare Räume hindurch aufhören und bei genügend hoher Frequenz und Intensität der Spannung würden die Moleküle nach der Elektrode hingezogen werden und es würde eine Kompression die Folge sein.

Eine interessante Eigenthümlichkeit dieser Ströme hoher Frequenz ist, dass sie gestatten, Apparate aller Arten in der Weise zu betreiben, dass man sie nur mit einem Leitungsdraht an die Elektricitätsquelle anschliesst. In der That kann es unter gewissen Umständen ökonomischer sein, die elektrische Energie mittels einer Leitung zu liefern als mit zwei.

Ein von Tesla vorgeführter Versuch von besonderem Interesse ist der Betrieb eines Tesla'schen Drehfeldmotors unter Anwendung nur einer isolirten Leitung. Eine einfache Form eines solchen Motors erhält man, indem man auf einen untertheilten Eisenkern eine primäre Wickelung und dicht an derselben eine sekundäre Wickelung aufbringt, die Enden der letzteren zusammenschliesst und eine frei bewegliche Metallscheibe in den Wirkungsbereich des beweglichen Feldes bringt. Die sekundäre Wickelung kann jedoch weggelassen werden. Wenn das eine Ende der Primärspule des Motors mit der einen Klemme der Hochfrequenzspule und das andere Ende mit einer isolirten Metallplatte, die jedoch, wie bemerkt werden muss, für das Gelingen des Versuchs nicht absolut erforderlich ist, verbunden wird, so wird die Scheibe in Rotation versetzt.

Versuche dieser Art scheinen darauf hinzuweisen, dass es möglich sein muss, an irgend einem Punkte der Erdoberfläche von einer centralen Stromquelle aus einen Motor ohne irgend eine andere Verbindung mit derselben als durch die Erde zu betreiben. Werden mit Hülfe einer kräftigen Maschine rapide Aenderungen des Erdpotentials hervorgebracht, so würde ein in die Erde eingegrabener und bis zu einer gewissen Höhe herausragender Draht von einem Strome durchflossen werden, welcher durch Verbindung des freien Endes des Drahtes mit einem Körper von gewissem Umfange verstärkt werden könnte. Der Strom könnte in einen solchen von niedriger Spannung umgewandelt und zum Betriebe eines Motors oder anderen Apparates verwandt werden. Der Versuch, der von grossem wissenschaftlichen Interesse wäre, würde wahrscheinlich am besten auf einem Schiffe zur See gelingen. Auf diese Weise könnten, auch wenn es nicht gerade möglich sein sollte, Maschinen zu betreiben, doch ganz sicher verständliche Zeichen übertragen werden.

Im Verlaufe dieser experimentellen Untersuchungen wurde den von diesen Strömen erzeugten Wärmewirkungen, welche nicht nur höchst merkwürdig sind, sondern auch die Möglichkeit eröffnen, eine wirksame Beleuchtung hervorzubringen, besondere Aufmerksamkeit gewidmet. Man braucht nur an der Spulenklemme einen dünnen Draht oder Lampenfaden zu befestigen, um die Temperatur des letzteren merklich zu erhöhen.

Wird der Draht oder Lampenfaden in eine Glasbirne eingeschlossen, so wird durch Verhinderung der Luftcirkulation die Wärmewirkung vergrössert. Wird die Luft in der Birne stark komprimirt, so werden die Verschiebungen der Luftmoleküle geringer, die Zusammenstösse weniger heftig und die Wärmewirkung wird vermindert. Wenn dagegen die Luft aus der Birne ausgepumpt wird, so wird ein darin eingeschlossener Lampenfaden zum Glühen gebracht, und es kann auf diese Weise jeder beliebige Lichtbetrag erzeugt werden.

Die Erwärmung des eingeschlossenen Lampenfadens hängt von so vielen verschiedenartigen Dingen ab, dass es schwer ist, eine allgemein anwendbare Regel anzugeben, unter welchen Bedingungen die maximale Wärmewirkung eintritt. Bezüglich der Grösse der Lampenbirne ist sicher, dass bei gewöhnlichem oder nur wenig von dem gewöhnlichen abweichenden Luftdrucke, wo Luft ein guter Isolator ist, der Faden in einer kleinen Birne stärker erhitzt wird, wegen der besseren Koncentration der Wärme in diesem Falle. Bei geringerem Drucke, wo Luft leitend wird, ist die Wärmewirkung grösser in einer weiten Birne, bei ausserordentlich hohem Grade der Verdünnung der Luft scheint jedoch über eine gewisse und zwar ziemlich geringe Grösse des Gefässes hinaus kein merklicher Unterschied in der Erwärmung stattzufinden.

Die Form des Gefässes ist ebenfalls von einiger Wichtigkeit, und es hat sich aus Gründen der Oekonomie als vortheilhaft herausgestellt, eine kugelförmige Birne zu verwenden, bei welcher die Elektrode im Mittelpunkt angebracht ist, da hier die zurückprallenden Moleküle zusammenstossen.

Es ist mit Rücksicht auf Oekonomie wünschenswerth, dass die gesammte von der Elektricitätsquelle an die Birne gelieferte Energie ohne Verlust den zu erwärmenden Körper erreicht. Der Verlust bei der Ueberführung der Energie von der Quelle bis zum Körper kann durch Anwendung dünner stark isolirter Drähte und durch Benutzung elektrostatischer Schirme vermindert werden. Es ist zu bemerken, dass der Schirm nicht, wie unter gewöhnlichen Verhältnissen, mit Erde verbunden werden darf.

In der Lampenbirne selbst kann ein grosser Theil der zugeführten Energie durch das Bombardement der Moleküle gegen den Draht, welcher den zu erwärmenden Körper mit der Stromquelle verbindet, verloren gehen. Eine erhebliche Verbesserung kann dadurch bewirkt werden, dass man den den Draht haltenden Glasstiel mit einer dicht anschliessenden leitenden Röhre umgiebt. Diese Röhre muss etwas über das Glas hervorragen und verhindert das Zerspringen des letzteren in der Nähe des erhitzten Körpers. Die Wirksamkeit der leitenden Röhre ist auf sehr hohe Grade der Luftverdünnung beschränkt. Dieselbe verhindert den Energieverlust beim Bombardement aus zwei Gründen: erstens breitet sich die von den Atomen abgegebene Ladung über eine grössere Fläche aus und daher wird die elektrische Dichtigkeit in jedem Punkte gering und die Atome werden mit geringerer Energie zurückgestossen, als wenn sie gegen einen guten Isolator anprallen würden; zweitens wird, da die Röhre durch die zuerst mit ihr in Berührung kommenden Atome elektrisirt wird, das Vordringen der nachfolgenden Atome gegen die Röhre mehr oder weniger durch die Abstossung aufgehalten, welche die elektrisirte Röhre auf die gleichnamig elektrisirten Atome ausüben muss. Dies dürfte erklären, warum die Entladung durch eine Lampenbirne mit weit grösserer Leichtigkeit erfolgt, wenn ein Isolator als wenn ein Leiter vorhanden ist.

Während der Untersuchungen wurden sehr viele Lampenbirnen verschiedener Konstruktion mit Elektroden von verschiedenem Material probirt und eine Anzahl interessanter Beobachtungen gemacht. Tesla hat gefunden, dass die Abnutzung der Elektrode um so geringer ist, je höher die Frequenz ist. Dies war zu erwarten, da dann die Erwärmung durch sehr viele kleine Zusammenstösse anstatt durch weniger und heftigere, welche die Struktur schnell zerstören, hervorgebracht wird. Die Abnutzung ist ferner geringer, wenn die Schwingungen harmonisch sind. Daher besitzt eine Elektrode, welche auf einem bestimmten Wärmegrade erhalten wird, eine viel längere Lebensdauer bei Strömen, welche von einer Wechselstrommaschine herrühren als bei den mittels einer disruptiven Entladung erhaltenen Strömen. Eine der dauerhaftesten Elektroden wurde aus stark komprimirtem Carborundum, welches eine von Herrn E. G. Acheson in Monongahela City, Pa., erzeugte Art Kohle ist, erhalten. Die Erfahrung hat gezeigt, dass, um möglichst dauerhaft zu sein, die Elektrode die Form einer Kugel mit einer gut polirten Oberfläche haben sollte.

In einigen Glasbirnen wurden feuerbeständige Körper auf einer Kohlenspitze angebracht und dem Bombardement der Moleküle ausgesetzt. Man beobachtete bei solchen Versuchen, dass die Kohlenspitze zuerst erhitzt wurde, bis eine höhere Temperatur erreicht war; alsdann war das Bombardement zum grössten Theil gegen den feuerbeständigen Körper gerichtet und die Kohle wurde entlastet. Allgemein würde, wenn verschiedene Körper in der Glasbirne angebracht werden, der am schwersten schmelzbare weniger angegriffen werden und bei beträchtlich geringerer Temperatur bleiben. Dies ist eine Folge des Umstandes, dass der grösste

Theil der zugeführten Energie seinen Weg durch denjenigen Körper nimmt, welcher am leichtesten geschmolzen oder verdampft wird.

Seltsam genug ergab sich aus einigen der angestellten Versuche, dass ein Körper in der Glasbirne unter dem Bombardement der Moleküle bei weniger Lichtentwickelung schmilzt, als wenn er unter Anwendung von Hitze auf gewöhnlichem Wege geschmolzen wird. Es kann dies einer Lockerung der Struktur des Körpers unter den heftigen Stössen und wechselnden Spannungen zugeschrieben werden.

Gewisse Versuche scheinen darauf hinzudeuten, dass ein leitender oder nichtleitender Körper, wenn bombardirt, unter gewissen Bedingungen ein Licht aussenden kann, welches allem Anschein nach von Phosphorescenz herrührt, aber in Wirklichkeit durch das Glühen einer unendlich dünnen Schicht veranlasst sein könnte, während die mittlere Temperatur des Körpers verhältnissmässig klein wäre. Solches könnte der Fall sein, wenn jeder einzelne rythmische Zusammenstoss die Netzhaut augenblicklich zu erregen vermöchte und der Rythmus gerade hoch genug wäre, um einen kontinuirlichen Eindruck im Auge hervorzubringen. In Uebereinstimmung mit dieser Anschauung würde eine durch disruptive Entladungen bethätigte Spule zur Erzeugung eines solchen Resultats hervorragend geeignet sein und die Erfahrung hat gelehrt, dass ihre Fähigkeit, Phosphorescenz zu erregen, ausserordentlich gross ist. Dieselbe vermag bei verhältnissmässig geringer Evakuirung Phosphorescenz zu erregen und wirft auch Schatten bei weit grösserem Drucke, als derjenige ist, bei welchem die mittlere freie Bahn der Moleküle den Dimensionen des Gefässes vergleichbar ist. Die letztere Beobachtung ist von einiger Wichtigkeit, insofern als sie die allgemein angenommenen Ansichten bezüglich der Erscheinungen des „strahlenden Zustandes“ der Materie modificiren kann.

Ein Gedanke, welcher Tesla schon sehr früh und naturgemäss gekommen war, war der, die grossen induktiven Wirkungen der Ströme hoher Frequenz zur Erzeugung von Licht in einem zugeschmolzenen Glasgefäss ohne Anwendung von Zuführungsdrähten zu verwerthen. Demgemäss wurden viele Birnen konstruirt, in welchen die zur Glühenderhaltung eines Knopfes oder Fadens erforderliche Energie durch das Glas hindurch entweder durch elektrostatische oder elektrodynamische Induktion geliefert wird. Die Intensität des ausgesandten Lichtes konnte leicht durch eine aussen angebrachte, mit einer isolirten Platte verbundene Kondensatorbelegung oder einfach mittels einer an der Birne befestigten Platte, welche zu gleicher Zeit die Rolle eines Lampenschirmes spielte, regulirt werden.

Ein Versuchsgegenstand, welcher in England von Prof. J. J. Thomson erschöpfend behandelt wurde, war von Tesla von Beginn seiner Untersuchungen an unabhängig von dem Genannten studirt worden, nämlich die Erregung eines leuchtenden Streifens in einer geschlossenen Röhre oder Birne durch elektrodynamische Induktion. Bei der Beobachtung des Verhaltens von Gasen und der dabei erhaltenen Lichterscheinungen wurde er auf die Wichtigkeit der elektrostatischen Wirkungen aufmerksam und es erschien ihm wünschenswerth, enorme Spannungsunterschiede, die mit ausserordentlicher Schnelligkeit wechseln, zu erzeugen. Versuche in dieser Richtung führten zu einigen der interessantesten Resultate, zu welchen man im Laufe dieser Untersuchungen gelangte. Es wurde gefunden, dass durch rapide Aenderungen eines hohen elektrostatischen Potentials evakuirte Röhren in erheblicher Entfernung von einem mit einer passend konstruirten Spule verbundenen Leiter erleuchtet werden konnten und dass es möglich war, mit der Spule ein wechselndes elektrostatisches Feld herzustellen, welches über das ganze Zimmer hin wirkte und eine Röhre zum Leuchten brachte, wo immer dieselbe auch innerhalb der vier Wände hingesetzt werden mochte. In einem solchen Felde können phosporescirende Röhren erregt werden und es ist leicht, die Wirkung durch Verbindung der Birne mit einer kleinen isolirten Metallplatte zu reguliren. Ebenso war es möglich, einen in einer Röhre angebrachten Faden oder Knopf bei hellem Glühen zu erhalten, und bei einem Versuch wurde ein Glimmerflügel durch das Glühen eines Platindrahtes in Drehung versetzt.

Gehen wir nun über zu dem in Philadelphia und St. Louis gehaltenen Vortrage, so ist zunächst zu bemerken, dass der oberflächliche Leser die von der Bedeutung des Auges handelnde Einleitung Tesla's für eine Abschweifung halten könnte; der aufmerksame Leser aber wird darin viel Anregung zum Nachdenken und Spekuliren finden. Durch den ganzen Diskurs hindurch kann man verfolgen, wie sich Tesla bemühte, in populärer Weise Gedanken und Ansichten über elektrische Erscheinungen vorzutragen, welche in neuerer Zeit die wissenschaftliche Welt beschäftigt haben, von denen aber das grosse Publikum bis jetzt kaum eine leise Andeutung erhalten hat. Tesla verweilt ferner ziemlich lange bei seiner bekannten Methode der Umwandlung hoher Frequenz und die grosse Menge eingehender Informationen wird Studirenden und Experimentatoren auf diesem jungfräulichen Felde willkommen sein. Die Heranziehung passender Analogien bei der Erklärung der zu Grunde liegenden Principien macht es jedem leicht, eine klare Vorstellung ihrer Natur zu gewinnen. Ferner wird die Leichtigkeit, mit der man heutzutage dank den Bemühungen Tesla's solche Ströme hoher Frequenz aus was immer für Strom führenden Stromkreisen erhalten kann, ganz sicher dahin führen, dass dieses so viele Möglichkeiten eröffnende Forschungsgebiet bald eine ausgedehnte Erweiterung erfahren wird. Tesla trägt als wahrer Naturforscher durchaus kein Bedenken, auf Mängel in einigen seiner Methoden hinzuweisen, und deutet die Richtungen an, die ihm die versprechendsten zu sein scheinen. Besonderen Nachdruck legt er auf die Verwendung eines Mediums, in welches die Entladungs-Elektroden eingetaucht werden sollen, um diese Methode der Umwandlung zur grössten Vollkommenheit zu bringen. Er ist offenbar besorgt gewesen, denen, die seinen Fusstapfen zu folgen gedenken, soviel nützliche Informationen wie möglich zu geben, da er die in allen praktisch vorkommenden Fällen anzuwendenden Stromkreisanordnungen ausführlich darlegt, und wenn auch einige dieser Methoden von ihm zwei Jahre vorher beschrieben wurden, so wird doch die weitere Belehrung am Platze und willkommen sein.

Bei seinen Versuchen behandelt er zunächst gewisse Erscheinungen, welche durch elektrostatische Kraft hervorgebracht werden. Diese Kraft betrachtet er im Lichte der modernen Theorieen als diejenige in der Natur, deren Erforschung für uns am wichtigsten ist. Ganz am Anfang führt er einen überraschenden neuen Versuch vor, der die Wirkung einer rasch variirenden elektrostatischen Kraft in einem gasförmigen Medium veranschaulicht, indem er mit einer Hand die eine der Klemmen eines 200000 Volt-Transformators berührt und die andere Hand an die entgegengesetzte Klemme bringt. Die mächtigen Lichtbüschel, welche von seiner Hand ausgingen und seine Zuhörer in Erstaunen setzten, bildeten eine vorzügliche Illustration einiger der vorgetragenen Ansichten und gaben Tesla Gelegenheit, die wahren Gründe darzulegen, weshalb bei diesen Strömen ein solcher Energiebetrag durch den Körper ohne Schaden hindurchgesandt werden kann. Er zeigte dann durch einen Versuch den Unterschied zwischen einer konstanten und einer rasch variirenden auf das Dielektrikum ausgeübten Kraft. Dieser Unterschied wird in höchst merkwürdiger Weise durch den Versuch erläutert, bei welchem eine Glasbirne, die an dem Ende eines mit der einen Klemme des Transformators in Verbindung stehenden Drahtes befestigt ist, zertrümmert wird, obwohl alle äusseren Körper von der Birne entfernt waren. Er zeigt dann, wie durch eine variirende, durch ein gasförmiges Medium hindurch wirkende elektrostatische Kraft mechanische Bewegungen hervorgebracht werden. Die Wichtigkeit der Wirkung der Luft wird durch einen interessanten Versuch besonders erläutert.

Uebergehend zu einer anderen Klasse von Erscheinungen, nämlich denjenigen der dynamischen Elektricität, brachte Tesla in einer Anzahl von Versuchen verschiedenartige Wirkungen durch Anwendung nur eines einzigen Drahtes hervor in der offenbaren Absicht, seine Zuhörer mit dem Gedanken vertraut zu machen, dass elektrische Schwingungen oder Ströme mit Leichtigkeit ohne jeden Rückleitungsdraht übertragen werden können, ferner zeigte er, wie derart übertragene Ströme sich umwandeln und für viele praktische Zwecke benutzen lassen. Sodann wurde eine Anzahl von Versuchen vorgeführt, welche die Wirkungen der Frequenz, Selbstinduktion und Kapacität erläutern sollten, ebenso eine Anzahl von Methoden, um Motoren oder andere Apparate mit Benutzung nur einer einzigen Leitung zu betreiben. Auch wurden mehrere neue Impedanzerscheinungen gezeigt, die nicht verfehlen werden, Interesse zu erwecken.

Sodann verbreitete sich Tesla über einen von ihm für sehr wichtig gehaltenen Gegenstand, nämlich die elektrische Resonanz, die er in populärer Weise erklärte. Er drückte seine feste Ueberzeugung aus, dass bei Innehaltung gewisser Bedingungen Mittheilungen und möglicher Weise auch Kraft durch das Medium oder die Erde hindurch übertragen werden könnten, und hält dieses Problem ernster und dringender Erwägung werth.

Indem er sodann speciell zu den Lichterscheinungen übergeht, erläutert er die vier verschiedenen Arten dieser Erscheinungen in origineller Weise, die vielen etwas Neues gewesen sein muss. Tesla schreibt diese Lichtwirkungen den durch eine variirende elektrostatische Spannung in einem gasförmigen Medium erzeugten Zusammenstössen der Moleküle oder Atome zu. Er erläutert in einer Reihe neuer Versuche die Wirkung des den Leiter umgebenden Gases und weist über allen Zweifel nach, dass bei Strömen hoher Frequenz und hoher Spannung das umgebende Gas bei der Erwärmung des Leiters von der grössten Bedeutung ist. Die Erwärmung schreibt er theils einem Leitungsstrome und theils dem Bombardement zu und weist nach, dass in vielen Fällen die Erwärmung praktisch von dem Bombardement allein herrühren kann. Er deutet auch an, wie die Oberflächenwirkung durch das Vorhandensein des Gases oder überhaupt eines aus Atomen bestehenden Mediums bedeutend modificirt wird. Ferner führt er einige interessante Versuche vor, durch welche die Wirkung der Convektion gezeigt wird. Wahrscheinlich einer der merkwürdigsten Versuche in dieser Beziehung ist der, bei welchem ein dünner längs der Achse einer luftleeren Röhre ausgespannter Platindraht an gewissen der Lage der Schichten entsprechenden Stellen zum Glühen gebracht wird, während er an andern Stellen dunkel bleibt.

Dieser Versuch verbreitet ein interessantes Licht über die Natur der Schichten und kann zu wichtigen Entdeckungen führen.

Tesla beweist ferner die Zerstreuung der Energie durch ein atomisches Medium, verbreitet sich über das Verhalten luftleerer Räume gegenüber der Wärmeleitung und zeigt im Zusammenhange hiermit das seltsame Verhalten eines Elektrodenstromes, aus welchem er schliesst, dass die Moleküle eines Gases wahrscheinlich nicht direkt auf messbare Entfernungen beeinflusst werden können.

Tesla hat die Hauptergebnisse, zu denen er bei seinen Untersuchungen gelangte, in einer Weise zusammengestellt, dass sie allen, welche auf diesem Felde arbeiten wollen, als werthvoller Führer dienen werden. Vielleicht das meiste Interesse wird sich auf seine allgemeinen Bemerkungen bezüglich der Phosphorescenzerscheinungen koncentriren, von denen das wichtigste Ergebniss ist, dass bei der Erregung einer phosphorescirenden Lampenbirne ein gewisses bestimmtes Potential das ökonomischste Resultat giebt.

Die Vorträge sollen nun hier in der Reihenfolge, wie sie gehalten wurden, mitgetheilt werden.

---

26. Kapitel.

Versuche mit Wechselströmen von sehr hoher Frequenz und deren Anwendung auf Methoden der künstlichen Beleuchtung.*)

„Es giebt keinen fesselnderen Gegenstand, welcher mehr des Studiums werth wäre, als die Natur. Diesen grossen Mechanismus zu verstehen, die Kräfte, welche wirksam sind, und die Gesetze, denen sie gehorchen, zu entdecken, ist das höchste Ziel der menschlichen Erkenntniss.

Die Natur hat in dem Weltall eine unendliche Energie aufgespeichert. Der ewige Empfänger und Uebertrager dieser unendlichen Energie ist der Aether. Die Erkenntniss der Existenz des Aethers und der Funktionen, welche er ausübt, ist eins der wichtigsten Ergebnisse moderner wissenschaftlicher Forschung. Das völlige Aufgeben der Vorstellung einer Wirkung in die Ferne, die Annahme eines den ganzen Raum durchdringenden und die gesammte Materie verbindenden Mittels hat die

*) Vortrag, gehalten vor dem American Institute of Electrical Engineers im Columbia College N. Y., am 20. Mai 1891.

Geister der Denker von einem immerwährenden Zweifel befreit und durch Eröffnung eines neuen Gesichtskreises, neuer und unvorhergesehener Möglichkeiten den Erscheinungen, mit denen wir von Alters her vertraut sind, ein erneutes Interesse gegeben. Es war ein grosser Schritt vorwärts zum Verständniss der Naturkräfte und der mannigfachen Art, wie sie sich unsern Sinnen offenbaren. Es war für den erleuchteten Naturforscher das, was das Verständniss des Mechanismus der Feuerwaffe oder der Dampfmaschine für den Barbar ist. Erscheinungen, die wir als Wunder anzusehen gewohnt waren, welche einer Erklärung spotteten, sehen wir nun in ganz anderem Lichte. Der Funke einer Induktionsspule, das Glühen einer Glühlampe, die Aeusserungen der mechanischen Kräfte von Strömen und Magneten liegen nicht mehr ausserhalb unseres Fassungsvermögens. Anstatt auf etwas Unbegreifliches wie früher weist ihre Beobachtung nunmehr unsern Geist auf einen einfachen Mechanismus hin, und obwohl wir über dessen genaue Natur nur erst Vermuthungen hegen können, so wissen wir doch, dass die Wahrheit nicht mehr lange verborgen bleiben kann, und fühlen instinktiv das Verständniss in uns aufdämmern. Wir bewundern noch immer diese schönen Phänomene, diese fremdartigen Kräfte, aber wir stehen ihnen nicht mehr hülflos gegenüber, wir können sie bis zu einem gewissen Grade erklären, sie der Rechnung unterziehen und sind voll Hoffnung, dass es schliesslich gelingen werde, das sie umgebende Dunkel ganz zu lichten.

In wie weit wir die Welt um uns her verstehen können, ist der letzte Gedanke eines jeden Erforschers der Natur. Die Rohheit unserer Sinne verhindert uns, die weitere Konstitution der Materie zu erkennen, und die Astronomie, diese erhabenste und positivste der Naturwissenschaften, kann uns nur etwas lehren, was gleichsam in unserer unmittelbaren Nachbarschaft vorgeht; von den entfernteren Theilen des grenzenlosen Universums mit seinen zahllosen Sternen und Sonnen wissen wir nichts. Aber weit hinaus über die Grenzen unserer Sinneswahrnehmung kann uns noch immer der Geist leiten und so dürfen wir hoffen, dass auch diese unbekannten Welten, unendlich kleine wie unendlich grosse, in gewissem Maasse uns bekannt werden können. Doch selbst wenn diese Kenntniss erreicht werden sollte, wird der Forschungsgeist eine vielleicht für immer unübersteigliche Schranke für die wahre Erkenntniss dessen finden, was zu sein scheint, denn die blosse Erscheinungsform ist ja die einzige und schwache Grundlage für unsere ganze Philosophie.

Von allen den Formen der unmessbaren, alles durchdringenden Energie der Natur, welche in fortwährender Aenderung und Bewegung gleich einer Seele das träge Weltall belebt, sind Elektricität und Magnetismus vielleicht die anziehendsten. Die Wirkungen der Schwere, der Wärme und des Lichtes beobachten wir täglich; wir werden frühzeitig mit ihnen vertraut und frühzeitig verlieren sie für uns den Charakter des Merkwürdigen und Wunderbaren; aber die Elektricität und der Magnetismus mit ihrer eigenartigen Verwandtschaft, mit ihrem anscheinend dualistischen Charakter, der einzig dasteht unter den Kräften der Natur, mit ihren Erscheinungen der Anziehung, Abstossung und Rotation, alles seltsame Aeusserungen geheimnissvoller Kräfte, reizen den Geist mächtig zum Nachdenken und zu Untersuchungen an. Was ist Elektricität und was ist Magnetismus? Diese Fragen sind immer und immer wieder aufgeworfen worden. Die fähigsten Geister haben sich unaufhörlich mit dem Problem abgemüht und doch ist die Frage bis jetzt nicht vollständig beantwortet worden. Obwohl wir also auch heute noch nicht sagen können, was diese eigenartigen Kräfte sind, haben wir doch einen guten Schritt vorwärts gethan zur Lösung des Problems. Wir sind jetzt überzeugt, dass elektrische und magnetische Erscheinungen dem Aether zuzuschreiben sind, und wir haben vielleicht nicht Unrecht, wenn wir sagen, dass die Wirkungen der statischen Elektricität Wirkungen des Aethers im Zustande der Spannung und diejenigen der dynamischen Elektricität und des Elektromagnetismus Wirkungen des Aethers im Zustande der Bewegung sind. Dies lässt aber immer noch die Frage unbeantwortet, was Elektricität und Magnetismus wirklich sind.

Zuerst fragen wir natürlich: Was ist Elektricität und giebt es ein Ding Elektricität? Bei der Erklärung elektrischer Erscheinungen können wir von Elektricität oder von einem elektrischen Verhalten, einem elektrischen Zustande oder einer elektrischen Wirkung sprechen. Wenn wir von elektrischen Wirkungen sprechen, müssen wir zwei Arten solcher Wirkungen unterscheiden, welche ihrem Charakter nach entgegengesetzt sind und einander aufheben, da die Beobachtung zeigt, dass zwei solche entgegengesetzte Wirkungen existiren. Dies ist unvermeidlich, denn in einem Medium von den Eigenschaften des Aethers ist es nicht möglich, einen Druck auszuüben oder eine Verschiebung oder Bewegung irgend welcher Art zu erzeugen, ohne in dem umgebenden Medium eine äquivalente und entgegengesetzte Wirkung zu veranlassen. Wenn wir aber von der Elektricität als von einem Dinge sprechen, müssen wir meines Erachtens die Vorstellung zweier Elektricitäten aufgeben, da die Existenz zweier solcher Dinge höchst unwahrscheinlich ist. Denn wie können wir uns zwei Dinge vorstellen, welche ihrem Betrage nach gleichwerthig, gleich in ihren Eigenschaften, aber von entgegengesetztem Charakter sind, beide an der Materie haften, beide anziehend und einander neutralisirend wirken? Eine solche Annahme, die allerdings durch viele Erscheinungen an die Hand gegeben wird und sehr bequem für deren Erklärung ist, hat wenig Empfehlenswerthes an sich. Wenn es ein solches Ding Elektricität wirklich giebt, so kann es nur ein solches Ding geben und es ist nur ein Ueberschuss oder ein Mangel an diesem einen Dinge möglich; wahrscheinlicher aber ist es, dass seine Beschaffenheit den positiven und negativen Charakter bestimmt. Die alte Theorie von Franklin ist, obwohl sie in mancher Beziehung nicht ausreicht, von einem gewissen Gesichtspunkte aus nach allem die plausibelste. Und doch ist trotzdem die Theorie der beiden Elektricitäten allgemein angenommen, da sie anscheinend die elektrischen Erscheinungen in einer befriedigenderen Weise erklärt. Aber eine Theorie, welche die Thatsachen besser erklärt, ist nicht nothwendiger Weise wahr. Geistreiche Köpfe werden Theorien erfinden, welche sich der Beobachtung anpassen, und fast jeder unabhängige Denker hat seine eigenen Ansichten über den Gegenstand.

Nicht in der Absicht, einer Meinung Geltung zu verschaffen, sondern in dem Wunsche, Sie besser mit einigen der Resultate, welche ich beschreiben will, bekannt zu machen, will ich Ihnen den Gedankengang, dem ich gefolgt bin, und den Ausgangspunkt, den ich genommen habe, darlegen. Ich gestatte mir daher, die Ansichten und Ueberzeugungen, welche mich zu diesen Resultaten geführt haben, mit wenigen Worten auseinanderzusetzen.

Ich neige der Vorstellung zu, dass es ein Ding giebt, welches wir gewohnt sind Elektricität zu nennen. Die Frage ist: Was ist dieses Ding? oder welches von allen Dingen, von deren Existenz wir wissen, können wir mit bestem Grunde Elektricität nennen? Wir wissen, dass es ähnlich wie eine inkompressible Flüssigkeit wirkt; dass davon eine konstant bleibende Menge in der Natur vorhanden sein muss; dass es weder erzeugt noch zerstört werden kann, und dass, was wichtiger ist, die elektromagnetische Theorie des Lichtes und alle beobachteten Thatsachen uns lehren, dass die Erscheinungen der Elektricität und des Aethers identisch sind. Es drängt sich daher sofort der Gedanke von selbst auf, dass Elektricität Aether genannt werden könnte. In der That ist diese Ansicht in gewissem Sinne von Dr. Lodge vertreten worden. Sein interessantes Werk wurde von Jedermann gelesen und viele liessen sich durch seine Argumente überzeugen. Seine grosse Geschicklichkeit und die interessante Natur des Gegenstandes nehmen den Leser zunächst gefangen; wenn aber die Eindrücke sich abgeschwächt haben, merkt man, dass man es nur mit geistreichen Erklärungen zu thun hat. Ich muss gestehen, dass ich nicht an zwei Elektricitäten, noch weniger an einen Aether von zwiefacher Konstitution glauben kann. Das überraschende Verhalten des Aethers als eines festen Körpers gegenüber Licht- und Wärmewellen und als einer Flüssigkeit gegenüber den sich durch ihn hindurchbewegenden Körpern wird sicher in der natürlichsten und befriedigendsten Weise erklärt durch die Annahme, dass er sich selbst in Bewegung befindet, wie schon von Sir William Thomson angedeutet wurde; aber abgesehen hiervon giebt es nichts, was uns berechtigen würde, mit Sicherheit zu schliessen, dass eine Flüssigkeit, die nicht im Stande wäre, transversale Schwingungen von einigen Hundert oder Tausend per Sekunde zu übertragen, auch nicht im Stande sein könne, solche Schwingungen fortzupflanzen, wenn sie nach Hunderten von Billionen in der Sekunde zählen. Auch kann Niemand beweisen, dass es transversale Aetherwellen giebt, die von einer eine geringe Anzahl von Wechseln per Sekunde gebenden Wechselstrommaschine ausgesandt werden; gegen solche langsamen Störungen kann sich der Aether, wenn er in Ruhe ist, wie eine wirkliche Flüssigkeit verhalten.

Kehren wir zum Gegenstande zurück und erinnern wir uns, dass die Existenz zweier Elektricitäten, gelinde ausgedrückt, höchst unwahrscheinlich ist, so müssen wir sagen, dass wir keinen Nachweis der Elektricität besitzen, noch hoffen können ihn zu erlangen, wenn keine grobe Materie da ist. Elektricität kann daher nicht Aether in dem weiten Sinne des Wortes genannt werden; es scheint aber nichts im Wege zu stehen, die Elektricität Aether in Verbindung mit Materie oder gebundenen Aether zu nennen oder, mit andern Worten, anzunehmen, dass die sogenannte statische Ladung des Moleküls Aether ist, der in gewisser Weise mit dem Molekul verbunden ist. Wenn wir die Sache in diesem Lichte betrachten, würden wir berechtigt sein zu sagen, dass Elektricität bei allen molekularen Wirkungen im Spiele ist.

Was nun aber eigentlich der die Moleküle umgebende Aether ist, und worin er sich vom Aether im Allgemeinen unterscheidet, kann nur vermuthet werden. In der Dichtigkeit kann er sich nicht unterscheiden, da Aether unzusammendrückbar ist; er muss sich daher unter einem gewissen Drucke oder in Bewegung befinden und das letztere ist das wahrscheinlichste. Um seine Funktionen zu verstehen, würde man eine exakte Vorstellung von der physikalischen Konstitution der Materie haben müssen, von der wir uns natürlich nur ein Phantasiebild machen können.

Von allen Naturanschauungen ist indessen diejenige, welche eine Materie und eine Kraft und durchweg vollkommene Gleichförmigkeit annimmt, die wissenschaftlichste und am wahrscheinlichsten richtig.

Eine infinitesimale Welt mit ihren Molekülen und deren Atomen, die sich in ganz gleicher Art wie die Himmelskörper um sich selbst drehen und in Bahnen um einander herum bewegen, Aether mit sich reissen und wahrscheinlich mit sich herumwirbeln oder, mit andern Worten, statische Ladungen mit sich führen, erscheint meinem Verstande als die wahrscheinlichste Vorstellung, welche auch in plausibler Weise die meisten der beobachteten Erscheinungen erklärt. Das Herumwirbeln der Moleküle und ihres Aethers erzeugt die Aetherspannungen oder elektrostatischen Drucke; die Ausgleichung der Aetherspannungen ruft Aetherbewegungen oder elektrische Ströme hervor und die Bewegungen in gewissen Bahnen um einander erzeugen die Wirkungen des Elektromagnetismus und permanenten Magnetismus.

Vor circa fünfzehn Jahren bewies Professor Rowland eine sehr interessante und wichtige Thatsache, nämlich dass eine im Kreise herumgeführte statische Ladung die Wirkungen eines elektrischen Stromes hervorbringt. Lässt man die eigentliche Natur des Mechanismus, welcher die Anziehung und Abstossung der Ströme hervorbringt, ausser Betracht und denkt man sich die elektrostatisch geladenen Moleküle in Bewegung, so giebt uns diese experimentelle Thatsache eine recht gute Vorstellung vom Magnetismus. Wir können uns Kraftlinien oder Kraftröhren denken, welche physikalisch existiren und aus Reihen von gleichgerichteten sich bewegenden Molekülen bestehen; wir können sehen, dass diese Linien geschlossen sein müssen, dass sie sich zu verkürzen und zu erweitern suchen müssen u. s. w. Sie erklärt auch in vernünftiger Weise die seltsamste Erscheinung von allen, nämlich den permanenten Magnetismus, und besitzt überhaupt alle Schönheiten der Ampère'schen Theorie, ohne den Grundfehler derselben zu besitzen, der in der Annahme molekularer Ströme besteht. Ohne mich weiter auf diesen Gegenstand einzulassen, will ich nur bemerken, dass ich alle elektrostatischen, Strom- und magnetischen Erscheinungen als von elektrostatischen molekularen Kräften ausgehend betrachte.

Die vorstehenden Bemerkungen hielt ich für ein völliges Verständniss der Vorstellungen, die ich mir von diesem Gegenstande mache, für nothwendig.

Von allen diesen Erscheinungen sind die Stromphänomene für das Studium die wichtigsten, in Anbetracht der bereits ausgedehnten und stets zunehmenden Verwendung der Ströme für industrielle Zwecke. Es sind jetzt hundert Jahre her, seit die erste praktische Stromquelle hergestellt wurde, und seitdem sind die das Fliessen der Ströme begleitenden Erscheinungen fleissig studirt und dank den unermüdlichen Bemühungen der Gelehrten die einfachen Gesetze, denen sie gehorchen, entdeckt worden. Diese Gesetze gelten aber, wie sich herausgestellt hat, nur, wenn die Ströme einen sich gleichbleibenden Charakter haben. Wenn sich die Ströme sehr rasch in ihrer Stärke ändern, so treten ganz verschiedene, oft unerwartete Erscheinungen auf und es gelten ganz verschiedene Gesetze, welche bis jetzt noch nicht so vollständig, wie man wünschen möchte, untersucht worden sind, obschon durch die Arbeiten namentlich englischer Gelehrten hinreichend Licht über den Gegenstand verbreitet wurde, um uns in den Stand zu setzen, einfache Fälle, wie sie jetzt in der täglichen Praxis vorkommen, zu behandeln.

Die Erscheinungen, welche Strömen von schnell wechselndem Charakter eigenthümlich sind, treten weit deutlicher hervor, wenn die Geschwindigkeit der Aenderung zunimmt, daher das Studium dieser Ströme durch die Anwendung passend konstruirter Apparate erheblich erleichtert wird. Aus diesen und aus andern Gründen konstruirte ich Wechselstrommaschinen, welche mehr als zwei Millionen Stromumkehrungen per Minute zu geben vermögen, und hauptsächlich diesem Umstande ist es zu danken, dass ich im Stande bin, Sie mit einigen der bisher erhaltenen Resultate bekannt zu machen, die, wie ich hoffe, in Anbetracht ihrer direkten Bedeutung für eins der wichtigsten Probleme, nämlich die Schaffung einer praktischen und wirksamen Lichtquelle, sich als ein Schritt vorwärts erweisen werden.

Das Studium solcher schnell wechselnden Ströme ist sehr interessant. Fast jedes Experiment offenbart etwas Neues. Manche Resultate konnten natürlich vorausgesagt werden, viel mehr aber liessen sich nicht vorhersehen. Der Experimentator macht viele interessante Beobachtungen. Wir nehmen z. B. ein Stück Eisen und halten es gegen einen Magnet. Gehen wir von wenigen Wechseln aus und lassen die Zahl derselben höher und höher steigen, so fühlen wir, wie die Stromimpulse schneller und schneller einander folgen, dabei schwächer und schwächer werden und schliesslich verschwinden. Wir beobachten dann einen kontinuirlichen Zug; der Zug ist natürlich nicht kontinuirlich, er erscheint uns nur so, weil unser Tastsinn unvollkommen ist.

Ferner können wir zwischen den Elektroden einen Lichtbogen herstellen und beobachten, sobald die Wechsel schneller auf einander folgen, dass der Ton, welcher Wechselstromlichtbogen eigen ist, schriller und schriller wird, dann allmählich schwächer wird und schliesslich ganz aufhört. Die Luftschwingungen dauern natürlich fort, aber dieselben sind zu schwach, um wahrgenommen werden zu können; unser Gehörsinn lässt uns im Stich.

Wir beobachten die geringen physiologischen Wirkungen, die schnelle Erwärmung von Eisenkernen und Leitern, seltsame Induktionserscheinungen, interessante Kondensatorerscheinungen und noch interessantere Lichterscheinungen mit einer Induktionsspule hoher Spannung. Alle diese Versuche und Beobachtungen würden von grösstem Interesse für den Studirenden sein, aber ihre Beschreibung würde mich zu weit von dem Hauptgegenstande abführen. Theils aus diesem Grunde, theils wegen ihrer ungemein grösseren Wichtigkeit werde ich mich auf die Beschreibung der durch diese Ströme hervorgebrachten Lichteffekte beschränken.

Bei den zu diesem Zwecke vorgenommenen Versuchen wurde eine Induktionsspule von hoher Spannung oder ein gleichwerthiger Apparat zur Umwandlung von Strömen von verhältnissmässig niedriger Spannung in solche von hoher Spannung benutzt.

Wenn Sie an den Resultaten ein genügendes Interesse nehmen, will ich Ihnen auseinandersetzen, wie man das experimentelle Studium dieses Gegenstandes anfängt; wenn Sie die Richtigkeit der von mir vorgebrachten Argumente anerkennen, werden Sie selbst gern hohe Frequenzen und hohe Potentiale, mit andern Worten, mächtige elektrostatische Wirkungen erzeugen wollen. Es werden Ihnen dann manche Schwierigkeiten entgegentreten, nach deren völliger Ueberwindung man wahrhaft wunderbare Resultate erlangen würde.

Zuerst tritt einem die Schwierigkeit entgegen, die erforderlichen Frequenzen mittels mechanischer Apparate zu erreichen; und wenn dieselben in anderer Weise erreicht sind, stellen sich wieder Hindernisse anderer Art ein. Zunächst erweist es sich als schwierig, ohne beträchtliche Vergrösserung des Umfanges der Apparate die erforderliche Isolation herzustellen; denn die erforderlichen Spannungen sind hoch und die Isolation bietet infolge der Raschheit der Stromwechsel ganz besondere Schwierigkeiten. So kann z. B. bei Anwesenheit eines Gases die Entladung infolge des Anprallens der Gasmoleküle und der daraus sich ergebenden Erwärmung mehr als einen Zoll tief durch das beste Isolationsmaterial wie Glas, Hartgummi, Porzellan, Siegellack u. s. w. hindurchdringen, thatsächlich durch jede bekannte isolirende Substanz. Das Haupterforderniss bei der Isolation der Apparate ist daher die Ausschliessung jeder gasartigen Masse.

Im Allgemeinen weist meine Erfahrung darauf hin, dass Körper, welche die höchste specifische Induktionskapacität besitzen, wie z. B. Glas, eine etwas geringere Isolation geben als andere, welche zwar gute Isolatoren sind, aber eine viel geringere specifische Induktionskapacität haben, wie beispielsweise Oele, da die dielektrischen Verluste bei ersteren ohne Zweifel grösser sind. Die Schwierigkeit der Isolirung besteht natürlich nur, wenn die Spannungen ausserordentlich hoch sind, denn bei Spannungen von etwa einigen Tausend Volt macht es keine besondern Schwierigkeiten, Ströme von einer Maschine, die etwa 20 000 Wechsel per Sekunde giebt, auf eine ziemliche Entfernung fortzuleiten. Diese Wechselzahl ist indessen für viele Zwecke viel zu klein, wenn auch für manche praktischen Anwendungen völlig ausreichend. Diese Schwierigkeit der Isolirung ist glücklicherweise kein wesentliches Hinderniss; sie beeinflusst hauptsächlich die Grösse der Apparate, da man, wenn ausserordentlich hohe Spannungen angewendet werden sollen, die Beleuchtungskörper nicht weit von dem Apparate aufstellen würde, und oft würden sich dieselben ganz dicht bei diesem befinden. Da das Bombardement des isolirten Drahtes durch die Luftmoleküle von einer Kondensatorwirkung abhängt, so würde der Verlust auf eine Kleinigkeit reducirt werden können, wenn man äusserst dünne, aber stark isolirte Drähte verwendete.

Noch eine andere Schwierigkeit bereitet die Kapacität und Selbstinduktion, welche die Spule nothwendigerweise besitzt. Ist die Spule gross, d. h. enthält sie eine grosse Drahtlänge, so ist sie im Allgemeinen für äusserst hohe Frequenzen ungeeignet; ist sie klein, so ist sie allerdings für derartige Frequenzen gut geeignet, aber die Spannung könnte dann nicht so hoch, wie erforderlich ist, sein. Ein guter Isolator und hauptsächlich einer, der nur geringe specifische Induktionskapacität besitzt, würde aus doppeltem Grunde vortheilhaft sein. Erstens setzt er uns in den Stand, eine sehr kleine Spule herzustellen, welche enormen Spannungsdifferenzen zu widerstehen vermag, und zweitens ist eine solche kleine Spule wegen ihrer geringeren Kapacität und Selbstinduktion schnellerer und kräftigerer Schwingungen fähig. Ich betrachte daher das Problem, eine Spule oder einen Induktionsapparat irgend welcher Art, welcher die gewünschte Eigenschaft besitzt, zu konstruiren, als ein nicht unwichtiges, und ich habe mich beträchtliche Zeit hindurch mit ihm beschäftigt.

Der Forscher, welcher die von mir zu beschreibenden Versuche mit einer Wechselstrommaschine, die Ströme von der gewünschten Frequenz zu liefern vermag, und mit einer Induktionsspule wiederholen will, wird gut thun, die primäre Spule ausschaltbar anzuordnen und die sekundäre Spule so zu montiren, dass er durch den Cylinder, auf welchen die sekundäre Spule gewickelt ist, hindurchsehen kann. Er wird dann die Strömungen beobachten können, welche von der primären Spule zu dem isolirenden Cylinder übergehen, und aus ihrer Intensität erkennen, wie weit er die Spule anstrengen kann. Ohne diese Vorsicht kann er sicher sein, dass er die Isolation beschädigt. Diese Anordnung gestattet überdies eine leichte Auswechselung der Primärspulen, die bei diesen Versuchen wünschenswerth ist.

Die Auswahl der Maschinentype, welche für den Zweck am geeignetsten ist, muss dem Ermessen des Experimentators überlassen bleiben. Es sind hier drei verschiedene Maschinentypen abgebildet, die ich neben andern bei meinen Versuchen benutzt habe.

Fig. 97.

Fig. 97 stellt die bei meinen Versuchen vor diesem Institute benutzte Maschine dar. Der Feldmagnet besteht aus einem schmiedeeisernen Ringe mit 384 Polvorsprüngen. Der Anker besteht aus einer Stahlscheibe, an welcher ein dünner, sorgfältig zusammen geschweisster Kranz aus Schmiedeeisen befestigt ist. Auf den Kranz sind mehrere Lagen eines feinen, gut ausgeglühten Eisendrahtes aufgewunden, welcher während des Aufwindens durch ein Schellackbad hindurchläuft. Die mit Seide besponnenen Ankerdrähte sind um Messingstifte gewickelt. Der Durchmesser des Ankerdrahtes bei dieser Maschinentype sollte nicht mehr als $^1/_6$ der Dicke der Polvorsprünge betragen, da sonst die lokale Wirkung erheblich ist.

Fig. 98 stellt eine grössere Maschine einer anderen Type dar. Der Feldmagnet dieser Maschine besteht aus zwei gleichen Theilen, deren jeder eine Erregungsspule enthält oder die unabhängig gewickelt sind. Jeder Theil hat 480 Polansätze, und zwar stehen die Polansätze des einen Theils denen des andern gegenüber. Der Anker besteht aus einem Rade aus harter Bronce, welches die Leiter trägt, die zwischen den Vorsprüngen des Feldmagneten rotiren. Um die Ankerleiter zu wickeln, verfährt man nach meiner Erfahrung am zweckmässigsten in

Fig. 98.

der folgenden Weise. Man stellt einen Ring aus harter Bronce von der gewünschten Grösse her. Dieser Ring und der Kranz des Rades werden mit der passenden Anzahl von Stiften versehen und beide auf einer Platte befestigt. Nachdem die Ankerleiter gewickelt sind, werden die Stifte abgeschnitten und die Enden der Leiter an zwei Ringen befestigt, welche an dem Broncering bezw. an dem Radkranze festgeschraubt werden. Das Ganze kann dann abgenommen werden und bildet ein festes Gefüge. Die Leiter bei einer solchen Maschinentype sollen aus Kupferblech bestehen, dessen Dicke natürlich von der Dicke der Polansätze abhängt, oder sonst sind geflochtene dünne Drähte anzuwenden.

Fig. 99 ist eine kleinere Maschine, welche in vielen Beziehungen der ersten ähnlich ist, nur sind hier die Ankerleiter und die Erregungsspule stationär, während nur ein schmiedeeiserner Block rotirt wird.

Es würde zwecklos sein, diese Beschreibung weiter auszudehnen und die Konstruktionsdetails dieser Maschinen hier ausführlicher anzugeben. Dieselben sind überdies in „The Electrical Engineer" vom 18. März 1891 näher beschrieben worden. Ich erachte es aber für zweckmässig, die Aufmerksamkeit des Forschers auf zwei Dinge zu lenken, deren Wichtigkeit er, trotzdem dieselbe von selbst einleuchtet, doch leicht unterschätzt; ich meine die lokale Wirkung in den Leitern, welche sorgfältig vermieden werden muss, und den Luftraum, der nur gering

Fig. 99.

sein darf. Ich will hinzufügen, dass, da es wünschenswerth ist, sehr hohe Umfangsgeschwindigkeiten zu verwenden, der Durchmesser des Ankers sehr gross sein sollte, um unpraktische Riemengeschwindigkeiten zu vermeiden. Von den verschiedenen Typen dieser Maschinen, welche von mir konstruirt wurden, hat mir die in Fig. 97 dargestellte Maschine die wenigsten Schwierigkeiten bereitet sowohl bei der Konstruktion wie bei der Instandhaltung, und im Ganzen genommen ist sie eine gute Versuchsmaschine gewesen.

Beim Betriebe einer Induktionsspule mit sehr rasch wechselnden Strömen erregen unter den Lichterscheinungen, die man zunächst beobachtet, natürlich diejenigen besonderes Interesse, welche durch die Hochspannungsentladung veranlasst werden. In dem Maasse wie die

Zahl der Wechsel per Sekunde zunimmt oder — bei hohen Wechselzahlen — der durch die Primärspule gehende Strom variirt wird, ändert die Entladung allmählich ihr Aussehen. Es würde schwer sein, die geringeren Aenderungen, welche auftreten, und die Bedingungen, unter denen sie zu Stande kommen, zu beschreiben; man kann jedoch fünf deutlich verschiedene Formen der Entladung wahrnehmen.

Zunächst kann man eine schwache empfindliche Entladung in der Form eines dünnen, schwach gefärbten Fadens beobachten (Fig. 100 a). Dieselbe tritt immer auf, wenn die Zahl der Wechsel per Sekunde hoch und der Strom durch die Primärspule sehr schwach ist. Trotz des ausserordentlich schwachen Stromes ist das Aenderungsverhältniss des Stromes gross und die Spannungsdifferenz an den Klemmen der Sekundärspule daher beträchtlich, so dass der Lichtbogen auf grosse Entfernungen hin zu Stande kommt; die in Bewegung gesetzte Elektrici-

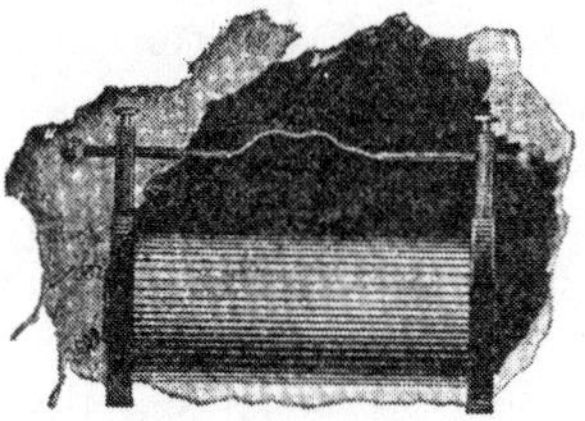

Fig. 100 a.

Fig. 100 b.

tätsmenge ist jedoch unbedeutend und kaum ausreichend, um einen dünnen fadenförmigen Bogen zu bilden. Derselbe ist ausserordentlich empfindlich und diese Empfindlichkeit kann so sehr gesteigert werden, dass das blosse Athmen in der Nähe der Spule ihn beeinflusst und derselbe beständig umherflackert, wenn er nicht vollständig gegen Luftströmungen geschützt ist. Dessenungeachtet ist er in dieser Form äusserst andauernd, und wenn die Pole einander auf etwa ein Drittel der Funkenweite genähert werden, so lässt er sich nur schwer ausblasen. Diese ausnahmsweise Dauerhaftigkeit bei geringer Länge rührt hauptsächlich davon her, dass der Bogen äusserst dünn ist und daher dem Luftzuge eine sehr geringe Fläche darbietet. Die grosse Empfindlichkeit des Lichtbogens bei sehr grosser Länge ist wahrscheinlich der Bewegung der in der Luft schwebenden Staubtheilchen zuzuschreiben.

Wenn der durch die primäre Spule fliessende Strom verstärkt wird, so nimmt die Entladung an Breite und Stärke zu und die Wirkung der Kapacität der Spule wird sichtbar, bis schliesslich unter geeigneten

Bedingungen ein weisser, oft fingerdicker und über die ganze Spule hinweg schlagender Flammenbogen erzeugt wird (Fig. 100b). Derselbe entwickelt eine deutlich wahrnehmbare Wärme und ist ferner noch durch das Fehlen des hohen Tones, welcher die weniger kräftigen Entladungen begleitet, charakterisirt. Es würde nicht rathsam sein, sich einem Schlage der Spule unter diesen Verhältnissen auszusetzen, obwohl man unter andern Bedingungen, wo die Spannung viel höher ist, einen Schlag von der Spule ungestraft erhalten kann. Um diese Art von Entladung hervorzubringen, darf die Anzahl der Stromwechsel per Sekunde für die benutzte Spule nicht zu gross sein und es müssen, allgemein gesprochen, gewisse Beziehungen zwischen Kapacität, Selbstinduktion und Frequenz innegehalten werden.

Die Wichtigkeit dieser Elemente bei einem Wechselstromkreis ist zur Zeit wohlbekannt und unter gewöhnlichen Verhältnissen sind die allgemeinen Regeln anwendbar. Bei einer Induktionsspule herrschen aber ausnahmsweise Zustände. Zunächst ist die Selbstinduktion von geringer Bedeutung, bevor sich der Bogen gebildet hat, dann aber macht sie sich bemerklich, jedoch wohl niemals in so hervorragendem Maasse wie in gewöhnlichen Wechselstromkreisen, weil die Kapacität über die ganze Spule vertheilt ist und die Spule sich gewöhnlich durch sehr grosse Widerstände entladet, so dass die Ströme ausserordentlich gering sind. Ferner nimmt die Kapacität mit wachsender Spannung beständig zu, infolge der Absorption, welche in beträchtlichem Umfange stattfindet. Infolgedessen besteht zwischen diesen Grössen keine kritische Beziehung und die gewöhnlichen Regeln dürften kaum anwendbar sein. In dem Maasse wie die Spannung wächst entweder infolge der vermehrten Frequenz oder des verstärkten Stromes durch die Primärspule, wird der Betrag der aufgespeicherten Energie grösser und grösser und die Kapacität gewinnt mehr und mehr an Wichtigkeit. Bis zu einem gewissen Punkte ist die Kapacität vortheilhaft, darüber hinaus aber beginnt sie ein mächtiges Hinderniss zu werden. Es ergiebt sich hieraus, dass jede Spule bei einer gewissen Frequenz und einem gewissen primären Strom die besten Resultate giebt. Eine sehr grosse Spule kann, wenn mit Strömen von sehr hoher Frequenz betrieben, Funken von höchstens 3—4 mm geben. Fügt man an den Polen Kapacität hinzu, so lässt sich die Sachlage verbessern, was aber der Spule in Wirklichkeit fehlt, ist eine niedrigere Frequenz.

Wenn die flammende Entladung eintritt, sind die Verhältnisse offenbar derart, dass der stärkste Strom durch den Stromkreis gesandt wird. Diese Verhältnisse können durch Veränderung der Frequenz innerhalb weiter Grenzen herbeigeführt werden, die höchste Frequenz aber, bei welcher der Flammenbogen noch hervorgebracht werden kann, bestimmt bei gegebenem Primärstrom die maximale Schlagweite der Spule. Bei der flammenden Entladung ist die auffällige Wirkung der Kapacität nicht wahrnehmbar; die Geschwindigkeit, mit welcher die Energie aufgespeichert wird, ist dann gerade gleich der Geschwindigkeit, mit welcher dieselbe in dem ganzen Stromkreis verwendet werden kann. Diese Art der Entladung ist die strengste Probe für eine Spule; das Durchschlagen, wenn ein solches eintritt, ist von ganz ähnlicher Beschaffenheit wie bei einer überladenen Leydener Flasche. Um nur eine annähernde Angabe zu machen, will ich anführen, dass bei einer gewöhnlichen Spule von etwa 10 000 Ohm Widerstand der mächtigste Lichtbogen bei ca. 12 000 Wechseln per Sekunde hervorgebracht werden würde.

Wenn die Frequenz über diese Zahl hinaus vermehrt wird, steigt natürlich die Spannung, trotzdem aber kann, so paradox dies scheinen mag, die Schlagweite abnehmen. In dem Maasse wie die Spannung höher wird, nimmt die Spule mehr und mehr die Eigenschaften einer statischen Maschine an, bis man schliesslich die schöne Erscheinung der Büschelentladung (Fig. 101) beobachtet, die sich über die ganze Länge der Spule erstrecken kann. In diesem Stadium beginnen von allen Spitzen und Vorsprüngen Lichtströme frei herauszutreten. Diese Lichtbüschel sieht man auch in dem Raume zwischen der primären Spule und der isolirenden Röhre in Fülle übertreten. Ist die Spannung ausserordentlich hoch, so treten dieselben immer auf, auch wenn die Frequenz gering ist, und selbst dann, wenn die Primärspule von einer zolldicken Schicht von Wachs, Hartgummi, Glas oder einer andern isolirenden Substanz umgeben ist. Dies beschränkt die Leistungsfähigkeit der Spule erheblich, ich werde aber später zeigen, wie ich im Stande gewesen bin, diesen Uebelstand bei der gewöhnlichen Spule in beträchtlichem Maasse zu überwinden.

Ausser von der Spannung hängt die Intensität der Lichtbüschel von der Frequenz ab; wenn aber die Spule sehr gross ist, so zeigen sie sich, wie gering auch die benutzten Frequenzen sein mögen. Z. B. traten dieselben bei einer sehr grossen, von mir vor einiger Zeit verfertigten Spule von 67 000 Ohm Widerstand schon bei 100 Wechseln per Sekunde und weniger auf, wobei die Isolation der Sekundärspule aus 19 mm starkem Ebonit bestand. Sind die Ströme sehr intensiv, so erzeugen sie ein Geräusch, welches dem beim Laden einer Holtz'schen Maschine entstehenden ähnlich, aber viel stärker als dieses ist, und sie entwickeln einen starken Ozongeruch. Je geringer die Frequenz ist, desto eher sind sie im Stande, die Spule plötzlich zu beschädigen. Bei ausserordentlich hohen Frequenzen können sie frei übertreten, ohne irgend eine andere Wirkung hervorzubringen, als dass sie die Isolation langsam und gleichmässig erwärmen.

Das Vorhandensein solcher Büschelentladungen zeigt, wie wichtig es ist, eine theuere Spule so herzustellen, dass man durch die die Primärspule umgebende Röhre hindurchsehen kann, auch sollte die Primärspule leicht auswechselbar sein; oder sonst sollte der Raum zwischen der primären und sekundären Spule mit Isolirmaterial so vollständig ausgefüllt sein, dass alle Luft ausgeschlossen ist. Die Nichtbeobachtung dieser einfachen Regel bei der Herstellung der im Handel befindlichen Spulen trägt die Schuld an der Zerstörung mancher kostbaren Spule.

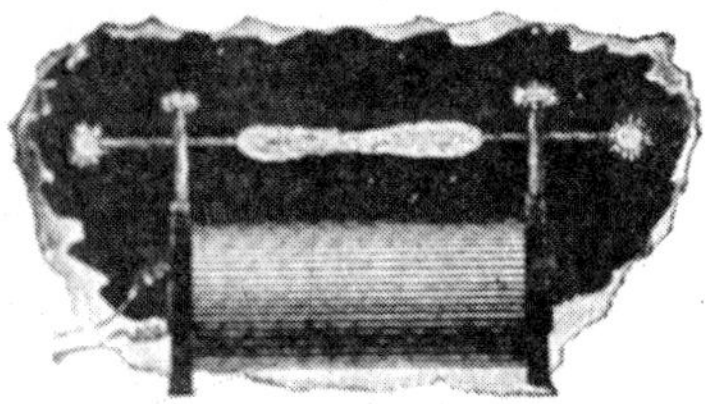

Fig. 101.

Fig. 102.

In dem Stadium, wo die Büschelentladung eintritt, oder bei etwas höheren Frequenzen, kann man, indem man die Pole einander nähert und die Wirkung der Kapacität zweckmässig regulirt, einen wahren Sprühregen von kleinen silberweissen Funken oder ein Bündel von äusserst dünnen silberfarbigen Fäden mitten in einem kräftigen Büschel (Fig. 102) hervorbringen, wobei jeder Funke oder Faden möglicher Weise einem Stromwechsel entspricht. Unter geeigneten Umständen hervorgebracht, ist dies wahrscheinlich die schönste Entladung, und bietet, wenn ein Luftstrom gegen sie gerichtet wird, ein eigenartiges Aussehen dar. Der Funkenregen verursacht, wenn man ihn durch den Körper gehen lässt, einiges Unbehagen, während bei der einfach strömenden Entladung nichts derartiges gefühlt wird, falls man in den Händen grosse Leiterstücke hält, um dieselben vor kleinen Brandwunden zu schützen.

Wird die Frequenz noch weiter vermehrt, so giebt die Spule keinen Funken mehr ausser bei verhältnissmässig kleinen Entfernungen, und man kann die fünfte typische Form der Entladung beobachten (Fig. 103).

Die Tendenz des Ausströmens und Sichzerstreuens ist dann so stark, dass, wenn das Büschel an der einen Elektrode erzeugt wird, kein Funke entsteht, selbst wenn, wie ich wiederholt versucht habe, die Hand oder irgend ein anderer leitender Gegenstand in die Strömung hineingehalten wird; und was noch seltsamer ist, der Lichtstrom wird durch die Annäherung eines leitenden Körpers überhaupt nicht leicht abgelenkt.

In diesem Stadium gehen die Ströme scheinbar mit der grössten Bequemlichkeit durch Isolatoren von erheblicher Dicke hindurch und es ist besonders interessant, ihr Verhalten zu studiren. Zu diesem Zwecke empfiehlt es sich, mit den Enden der Spule zwei metallische Kugeln zu verbinden, die man in jede beliebige Entfernung zu einander bringen kann (Fig. 104). Kugeln verdienen den Vorzug vor Platten,

Fig. 103.

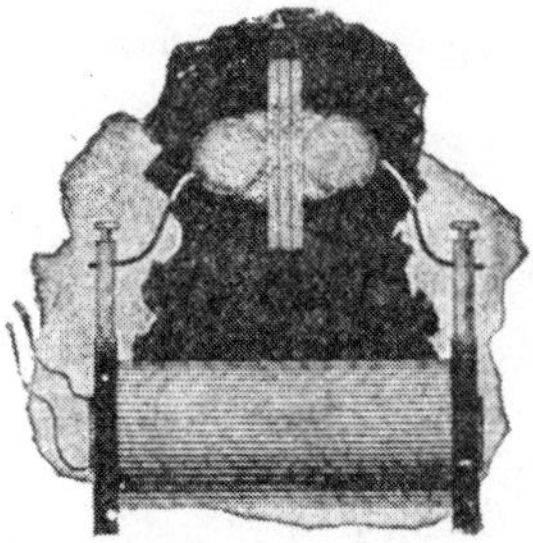

Fig. 104.

da die Entladung besser beobachtet werden kann. Durch Einschiebung dielektrischer Körper zwischen die Kugeln lassen sich prachtvolle Entladungserscheinungen beobachten. Sind die Kugeln dicht an einander und spielt ein Funke zwischen ihnen, so hört der Funke nach Zwischenlegung einer dünnen Ebonitplatte zwischen die Kugeln augenblicklich auf, und die Entladung breitet sich zu einem intensiv leuchtenden Kreise von mehreren Zoll Durchmesser aus, vorausgesetzt, dass die Kugeln hinreichend gross sind. Der Durchgang der Ströme erwärmt und erweicht nach einer Weile den Ebonit so sehr, dass in dieser Weise zwei Platten zusammengeschweisst werden können. Sind die Kugeln so weit aus einander, dass kein Funken entsteht, so wird die Entladung, selbst wenn die Kugeln weit über die Schlagweite hinaus von einander entfernt sind, durch Einschiebung einer dicken Glasplatte sofort veranlasst, von den Kugeln zu dem Glas in Form leuchtender Ströme überzugehen. Es hat fast den Anschein, als ob diese Ströme durch das Dielektrikum hindurch gingen. In Wirklichkeit ist dies nicht der Fall, da die Strömungen von den Luftmolekülen herrühren, welche in dem Raume zwischen den entgegengesetzt geladenen Flächen der Kugeln in heftige Bewegung versetzt werden. Ist kein anderes Dielektrikum weiter als Luft vorhanden, so findet das Bombardement ebenfalls statt, aber dasselbe ist zu schwach, um sichtbar zu sein. Durch Einschiebung eines Dielektrikums wird die induktive Wirkung verstärkt und überdies finden die fortgeschleuderten Luftmoleküle ein Hinderniss und das Bombardement wird so intensiv, dass die Ströme leuchtend werden. Könnten wir durch irgend ein mechanisches Mittel eine solche heftige Bewegung der Moleküle hervorbringen, so würden wir dieselbe Erscheinung hervorrufen können. Ein Luftstrom, welcher aus einer kleinen Oeffnung unter enormem Druck herausströmt und gegen eine isolirende Substanz wie z. B. Glas trifft, kann im Dunkeln leuchtend werden, und es würde möglich sein, auf diese Weise eine Phosphorescenz des Glases oder anderer Isolatoren hervorzubringen.

Je grösser die specifische Induktionskapacität des zwischengeschalteten Dielektrikums ist, um so mächtiger ist die erzeugte Wirkung. Infolgedessen treten die Strömungen bei äusserst hohen Spannungen, selbst wenn das Glas 40—50 mm dick ist, auf. Aber ausser der von dem Bombardement herrührenden Erwärmung entsteht unzweifelhaft in dem Dielektrikum etwas Wärme, die anscheinend im Glas grösser ist als im Ebonit. Ich schreibe dies der grösseren specifischen Induktionskapacität des Glases zu, infolge deren bei derselben Spannungsdifferenz ein grösserer Energiebetrag aufgenommen wird als im Ebonit. Die Sache verhält sich ähnlich, wie wenn man mit einer Batterie einen Kupfer- und einen Messingdraht von gleichen Dimensionen verbindet. Der Kupferdraht, der doch ein vollkommenerer Leiter ist, erwärmt sich deshalb mehr, weil er mehr Strom aufnimmt. Es ist also das, was man sonst als einen Vorzug des Glases betrachtet, hier ein Mangel. Glas giebt gewöhnlich viel schneller nach als Ebonit; wird dasselbe bis zu einem gewissen Grade erwärmt, so schlägt die Entladung plötzlich an einer Stelle durch und nimmt dann die gewöhnliche Form eines Bogens an.

Die durch das molekulare Bombardement des Dielektrikums erzeugte Wärmewirkung nimmt natürlich ab, sobald der Luftdruck zunimmt, und bei enormem Luftdrucke würde sie vernachlässigt werden können, wofern nicht die Frequenz entsprechend zunähme.

Es wird bei diesen Versuchen oft beobachtet, dass, wenn die Kugeln sich jenseits der Schlagweite befinden, durch die Annäherung z. B. einer Glasplatte bewirkt werden kann, dass der Funke zwischen den Kugeln überspringt. Dies tritt ein, wenn die Kapacität der Kugeln sich etwas unterhalb des kritischen Werthes befindet, welcher die grösste Spannungsdifferenz an den Polen der Spule liefert. Durch Annäherung eines Dielektrikums wird die specifische Induktionskapacität des Raumes zwischen den Kugeln vergrössert, was dieselbe Wirkung hervorbringt, als wenn die Kapacität der Kugeln vergrössert würde. Die Spannung an den Polen kann dann so hoch steigen, dass der Luftraum durchbrochen wird. Der Versuch wird am besten mit dichtem Glas oder mit Glimmer ausgeführt.

Eine andere interessante Beobachtung ist die, dass eine Platte aus isolirendem Material, sobald die Entladung durch sie hindurchgeht, von einer der beiden Kugeln, und zwar von der näher liegenden, stark angezogen wird, was augenscheinlich von dem geringeren mechanischen Effekt des Bombardements auf dieser Seite und vielleicht auch von der grösseren Elektrisirung herrührt.

Aus dem Verhalten der Dielektrika bei diesen Versuchen können wir schliessen, dass der beste Isolator für diese rasch wechselnden Ströme derjenige sein würde, welcher die geringste specifische Induktionskapacität besitzt und gleichzeitig im Stande ist, den grössten Spannungsdifferenzen zu widerstehen. Es ergeben sich daher zwei diametral entgegengesetzte Wege, um die gewünschte Isolation zu erhalten, nämlich entweder die Verwendung eines vollkommenen Vakuums oder eines Gases unter hohem Druck; das erstere ist indessen vorzuziehen. Leider aber ist keines dieser beiden Mittel in der Praxis leicht anwendbar.

Es ist besonders interessant, das Verhalten eines äusserst hohen Vakuums bei diesen Versuchen zu beobachten. Wenn eine Versuchsröhre, welche mit äusseren Elektroden versehen und bis zum höchstmöglichen Grade luftleer gemacht ist, mit den Enden der Spule (Fig. 105) verbunden wird, so nehmen die Elektroden der Röhre augenblicklich eine hohe Temperatur an, und das Glas an jedem Ende der Röhre wird intensiv phosphorescirend, die Mitte aber erscheint verhältnissmässig dunkel und bleibt eine Zeit lang kalt.

Ist die Frequenz so hoch, dass die in Fig. 103 dargestellte Entladung beobachtet wird, so findet zweifellos in der Spule eine erhebliche Energiezerstreuung statt. Trotzdem kann die Spule eine lange Zeit in Thätigkeit sein, da die Erwärmung eine sehr allmähliche ist.

Trotz des Umstandes, dass die Spannungsdifferenz enorm sein kann, fühlt man doch nur wenig, wenn die Entladung durch den Körper geht, vorausgesetzt dass die Hände armirt sind. Dies hat bis zu gewissem Grade in der höheren Frequenz seinen Grund, hauptsächlich aber in dem Umstande, dass äusserlich weniger Energie verfügbar ist, wenn die Spannungsdifferenz einen enormen Werth erreicht; dies rührt davon her, dass bei steigender Spannung die in der Spule absorbirte Energie wie das Quadrat der Spannung zunimmt. Bis zu einem gewissen Punkte nimmt die aussen verfügbare Energie mit steigender Spannung zu, darauf beginnt sie schnell abzufallen. Es besteht daher bei den gewöhnlichen Induktionsspulen hoher Spannung das seltsame Paradoxon, dass, während bei einem gegebenen durch die Primärspule fliessenden Strome der Schlag tödtlich sein würde, derselbe bei einem

Fig. 105.

Fig. 106.

vielmal so starken Strome vollkommen harmlos sein könnte, selbst wenn die Frequenz dieselbe bliebe. Bei hohen Frequenzen und ausserordentlich hohen Spannungen wird, wenn die Polen nicht mit Körpern von einigem Umfange verbunden sind, praktisch die gesammte in die Primärspule gelieferte Energie von der Spule aufgenommen. Es findet kein Durchschlagen, keine lokale Beschädigung statt, aber das gesammte isolirende wie leitende Material wird gleichmässig erwärmt.

Um Missverständnisse bezüglich der physiologischen Wirkung der Wechselströme von sehr hoher Frequenz zu vermeiden, halte ich es für nothwendig anzuführen, dass man, trotzdem es eine unleugbare Thatsache ist, dass sie unvergleichlich weniger gefährlich sind als Ströme von niedrigeren Frequenzen, doch nicht glauben darf, sie seien ganz und gar harmlos. Was eben gesagt wurde, bezieht sich nur auf Ströme von einer gewöhnlichen Induktionsspule hoher Spannung, Ströme, die nothwendig sehr klein sind; wenn dieselben direkt von einer Maschine oder von einer Sekundärspule von geringem Widerstande kommen, so bringen sie mehr oder weniger kräftige Wirkungen hervor und können ernste Beschädigungen zur Folge haben, besonders wenn sie in Verbindung mit Kondensatoren benutzt werden.

Die Büschelentladung einer Induktionsspule hoher Spannung unterscheidet sich in vielen Beziehungen von derjenigen einer kräftigen statischen Maschine. In Bezug auf die Farbe besitzt sie weder das Violett der positiven, noch den weissen Glanz der negativen statischen Entladung, sondern liegt irgendwo zwischen beiden, und zwar natürlich abwechselnd mehr nach der positiven oder mehr nach der negativen Seite. Da aber die Strömung mächtiger ist, wenn die Spitze oder Klemme positiv elektrisch, als wenn sie negativ elektrisch ist, so folgt, dass die Spitze des Büschels mehr der positiven und das Stammende mehr der negativen statischen Entladung gleicht. Im Dunkeln erscheint, falls das Büschel sehr stark entwickelt ist, das Stammende fast weiss. Der durch die entweichenden Ströme verursachte Wind kann zwar mitunter sehr stark sein, so stark in der That, dass er in ziemlicher Entfernung von der Spule verspürt werden kann, trotzdem ist er aber in Anbetracht der Menge der Entladung geringer als der durch die positive Elektrode einer statischen Maschine erzeugte, und beeinflusst die Flamme viel weniger stark. Aus der Natur der Erscheinung können wir folgern, dass natürlich der von den Strömen hervorgebrachte Wind um so schwächer ist, je höher die Frequenz ist, und bei genügend hohen Frequenzen würde bei dem gewöhnlichen atmosphärischen Drucke überhaupt kein Wind erzeugt werden. Bei Frequenzen, wie sie mittels einer Maschine erhalten werden können, ist der mechanische Effekt gross genug, um grosse Nadelräder mit beträchtlicher Geschwindigkeit zu drehen, was im Dunkeln infolge der zahlreichen Ausströmungen einen prächtigen Anblick gewährt (Fig. 106).

Im Allgemeinen können die meisten der Versuche, die man gewöhnlich mit einer statischen Maschine ausführt, auch mit einer Induktionsspule angestellt werden, wenn letztere mit sehr rasch wechselnden Strömen betrieben wird. Die erzeugten Effekte aber sind, weil von unvergleichlich grösserer Stärke, viel überraschender. Wenn ein kurzes Stück gewöhnlichen mit Baumwolle besponnenen Drahtes (Fig. 107) an der einen Klemme der Spule befestigt wird, so können die von allen Punkten des Drahtes ausgehenden Strömungen so intensiv sein, dass sie eine erhebliche Lichtwirkung hervorbringen. Sind die Spannungen und Frequenzen sehr hoch, so scheint ein mit Guttapercha oder Kautschuk isolirter Draht, der an einer der Klemmen befestigt ist, mit einer leuchtenden Schicht bedeckt zu sein. Ein sehr dünner nackter Draht, der an einer Klemme befestigt ist, sendet mächtige Strömungen aus und vibrirt beständig hin und her oder schwingt im Kreise umher, wodurch ein eigenartiger Effekt erzeugt wird (Fig. 108). Einige dieser Versuche sind von mir in „The Electrical World“ vom 21. Februar 1891 beschrieben worden.

Eine andere Eigenthümlichkeit der rasch wechselnden Entladung einer Induktionsspule ist ihr völlig abweichendes Verhalten in Bezug auf Spitzen und abgerundete Flächen.

Wenn ein dicker Draht, der am einen Ende mit einer Kugel und am andern Ende mit einer Spitze versehen ist, an dem positiven Pole einer statischen Maschine befestigt wird, so geht praktisch die ganze Ladung durch die Spitze verloren wegen der ungeheuer viel grösseren Spannung, die vom Krümmungsradius abhängig ist. Wird aber ein solcher Draht an einer der Klemmen der Induktionsspule angebracht, so beobachtet man, dass bei sehr hohen Frequenzen von der Kugel fast ebenso reichlich Strömungen ausgehen, wie von der Spitze (Fig. 109).

Fig. 107.

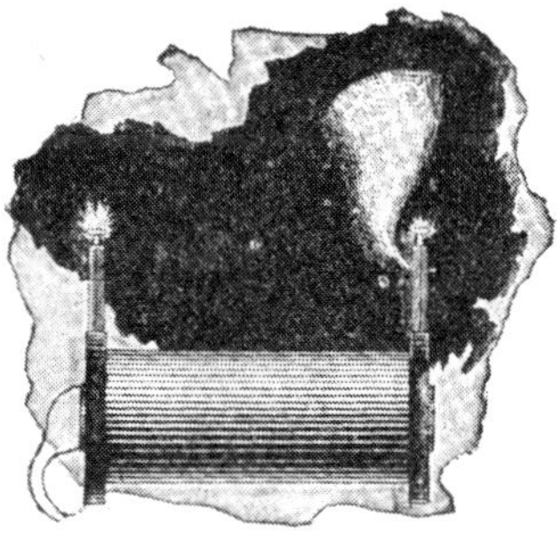

Fig. 108.

Es ist kaum denkbar, dass man bei einer statischen Maschine einen solchen Zustand in gleichem Grade hervorbringen könnte, aus dem einfachen Grunde, weil die Spannung zunimmt wie das Quadrat der Dichtigkeit, welche ihrerseits dem Krümmungsradius proportional ist; es würde daher bei einem konstanten Potential eine enorme Ladung erforderlich sein, um von einer polirten Kugel, während sie mit einer Spitze verbunden ist, Strömungen austreten zu lassen. Bei einer Induktionsspule aber, deren Ladung mit grosser Schnelligkeit wechselt, ist die Sache anders. Hier haben wir es mit zwei verschiedenen Tendenzen zu thun. Erstens besteht diejenige Tendenz zu entweichen, welche bei einem Ruhezustande vorhanden ist und die vom Krümmungsradius abhängt; zweitens besteht die Tendenz, sich in die umgebende Luft zu zerstreuen infolge einer Kondensatorwirkung, welche von der Oberfläche abhängt. Wenn eine dieser Tendenzen ein Maximum ist, ist die andere ein Minimum. Bei der Spitze rührt die Lichtströmung hauptsächlich von den Luftmolekülen her, die mit der Spitze in wirkliche Berührung kommen; dieselben werden angezogen und abgestossen, geladen und entladen, und nachdem ihre atomischen Ladungen auf solche Weise gestört sind, schwingen sie und senden Lichtwellen aus. Bei der Kugel dagegen wird zweifellos die Wirkung zum grossen Theile durch Induktion hervorgebracht, da die Luftmoleküle nicht nothwendig mit der Kugel in Berührung kommen, obwohl dies zweifellos auch geschieht. Um uns hiervon zu überzeugen, brauchen wir nur die Kondensatorwirkung zu erhöhen, z. B. dadurch, dass wir die Kugel in einiger Entfernung mit einem besseren Leiter, als das umgebende Medium ist, umhüllen, wobei natürlich der Leiter zu isoliren ist, oder dadurch, dass wir sie mit einem besseren Dielektrikum umgeben und ihr einen isolirten Leiter

Fig. 109.

Fig. 110.

nähern; in beiden Fällen werden die Ströme reichlicher hervorbrechen. Je grösser ferner die Kugel bei gegebener Frequenz ist, oder je höher die Frequenz ist, um so mehr ist die Kugel im Vortheil gegenüber der Spitze. Da jedoch eine gewisse Intensität der Wirkung erforderlich ist, um die Strömungen sichtbar zu machen, so ist klar, dass die Kugel bei dem beschriebenen Versuch nicht zu gross genommen werden sollte.

Infolge dieser zweifachen Tendenz ist es möglich, mit Hülfe von Spitzen Wirkungen zu erzeugen, welche mit den durch Kapacität hervorgebrachten identisch sind. So kann man z. B. dadurch, dass man an einem Pole der Spule ein kurzes Stück berussten Drahtes, welcher viele Spitzen und die Möglichkeit leichten Entweichens darbietet, befestigt, die Spannung der Spule zu demselben Werthe erhöhen, wie dadurch, dass man an dem Pole eine polirte Kugel von vielmal grösserer Oberfläche als die des Drahtes anbringt.

Ein interessanter Versuch, der die Wirkung der Spitzen darthut, kann in folgender Weise ausgeführt werden. Man befestige an dem einen Pole der Spule einen mit Baumwolle umsponnenen Draht von etwa 60 cm Länge und stelle denjenigen Zustand her, dass Lichtströme von dem Drahte ausgehen. Bei diesem Versuch ist die Primärspule zweckmässig so anzubringen, dass sie nur etwa zur Hälfte in die Sekundärspule hineinragt. Nun berühre man den freien Pol der Sekundärspule mit einem in der Hand gehaltenen leitenden Gegenstande oder verbinde ihn auch mit einem isolirten Körper von gewissem Umfange. Auf diese Weise kann das Potential am Drahte enorm erhöht werden. Die Wirkung hiervon ist entweder eine Vermehrung oder Verminderung der Strömungen. Nehmen letztere zu, so ist der Draht zu kurz, nehmen sie ab, so ist er zu lang. Durch Regulirung der Länge des Drahtes findet man einen Punkt, wo die Berührung des andern Poles überhaupt keine Wirkung mehr auf die Büschel ausübt. In diesem Falle wird die Erhöhung der Spannung durch den Abfall derselben durch die Spule hindurch genau ausgeglichen. Man beobachtet, dass geringe Drahtlängen beträchtliche Unterschiede in der Grösse und Leuchtkraft der Büschel hervorrufen. Die Primärspule wird aus zwei Gründen seitlich angebracht, einmal, um das Potential am Drahte zu erhöhen, und zweitens, um den Abfall durch die Spule hindurch zu vergrössern. Auf diese Weise wird die Empfindlichkeit erhöht.

Es giebt noch eine andere und weit überraschendere Eigenthümlichkeit der durch sehr schnell wechselnde Ströme hervorgebrachten Büschelentladung. Um diese zu beobachten, thut man am besten, die gewöhnlichen Klemmen der Spule durch zwei Metallsäulen zu ersetzen, die mit Ebonit von ziemlicher Dicke isolirt sind. Es ist auch gut, alle Spalten und Risse mit Wachs auszufüllen, so dass sich die Büschel nirgends anders als an den Spitzen der Säulen bilden können. Sind die Verhältnisse sorgfältig abgepasst — was natürlich der Geschicklichkeit des Experimentators überlassen bleiben muss —, derart dass die Spannung zu einem enormen Werthe steigt, so kann man zwei mächtige Büschel von mehreren Zoll Länge erzeugen, die an der Wurzel nahezu weiss sind und im Dunkeln eine überraschende Aehnlichkeit mit zwei Gasflammen haben, bei denen das Gas unter Druck ausströmt (Fig. 110). Aber sie sind nicht nur Flammen ähnlich, sondern es sind wirkliche Flammen, denn sie sind heiss. Allerdings sind sie nicht so heiss, wie ein Gasbrenner, aber sie würden es sein, wenn die Frequenz und die Spannung genügend hoch wären. Werden dieselben mit etwa 20000 Wechseln per Sekunde erzeugt, so ist die Wärme leicht wahrnehmbar, selbst wenn die Spannung nicht so sehr hoch ist. Die entwickelte Wärme rührt natürlich von dem Anprall der Luftmoleküle gegen die Elektroden und gegen einander her. Da bei gewöhnlichen Drucken die mittlere freie Bahn äusserst klein ist, so ist es möglich, dass trotz der enormen Anfangsgeschwindigkeit, welche jedem Molekül bei seiner Berührung mit der Elektrode mitgetheilt wird, sein Fortschreiten durch Zusammentreffen mit andern Molekülen doch in solchem Maasse gehindert wird, dass es sich nicht weit von der Elektrode entfernt, sondern dieselbe mehrere Male hinter einander treffen kann. Je höher die Frequenz, um so weniger weit kann sich das Molekül entfernen, und zwar auch aus dem Grunde, weil für eine gegebene Wirkung die erforderliche Spannung kleiner ist, und es ist eine Frequenz denkbar — vielleicht sogar erreichbar —, bei welcher praktisch immer dieselben Moleküle an die Elektrode stossen. Unter solchen Umständen würde der Wechsel der Moleküle sehr langsam vor sich gehen und die an und in der Nähe der Elektrode erzeugte Wärme würde ausserordentlich gross sein. Wenn jedoch die Frequenz noch weiter beständig zunimmt, so würde die erzeugte Wärme aus ersichtlichen Gründen abzunehmen beginnen. In dem positiven Büschel einer statischen Maschine ist der Wechsel der Moleküle sehr rasch, der Strom hat beständig die gleiche Richtung und die Zusammenstösse sind weniger zahlreich; demnach muss die Wärmewirkung sehr gering sein. Alles, was die Leichtigkeit des Wechsels der Moleküle hindert, dient dazu, die erzeugte lokale Wärme zu vermehren. Wird z. B. eine Glaskugel über das Ende der Spule gehalten, derart dass sie das Büschel einschliesst, so wird die in der Kugel enthaltene Luft sehr schnell zu einer hohen Temperatur gebracht. Hält man einen Glascylinder so über das Büschel, dass der Zug das Büschel nach aufwärts führt, so entweicht an dem oberen Ende des Cylinders sengend heisse Luft. Alles, was in das Büschel hineingehalten wird, wird natürlich rasch erwärmt und es bietet sich die Möglicheit, derartige Wärmewirkungen für andere Zwecke zu verwerthen.

Wenn wir diese eigenthümliche Erscheinung des heissen Büschels betrachten, so müssen wir zu der Ueberzeugung kommen, dass ein ähnlicher Vorgang sich bei der gewöhnlichen Flamme abspielen muss, und es erscheint seltsam, dass wir, nachdem wir bereits Jahrhunderte lang mit der Flamme bekannt waren, jetzt in dieser Aera der elektrischen Beleuchtung und Heizung schliesslich zu der Erkenntniss geführt werden, dass wir seit undenklichen Zeiten am Ende stets „elektrisches Licht und Wärme“ zu unserer Verfügung hatten. Es bietet auch die Erwägung nicht geringes Interesse, dass wir die Möglichkeit haben, durch andere als chemische Mittel eine wirkliche Flamme zu erzeugen, welche, ohne dass irgend welches Material verbraucht wird und ohne dass irgend ein chemischer Process stattfindet, Licht und Wärme giebt; und um dies zu erreichen, brauchen wir nur die Methoden zur Erzeugung enormer Frequenzen und Spannungen zu vervollkommnen. Ich zweifle nicht, dass, wenn man im Stande wäre zu bewirken, dass die Spannung mit hinreichender Schnelligkeit und Stärke alternirt, das am Ende eines Drahtes sich bildende Büschel seine charakteristischen Merkmale verlieren und flammenähnlich werden würde. Die Flamme muss von elektrostatischer Wirkung der Moleküle herrühren.

Diese Erscheinung erklärt nun in kaum zu bezweifelnder Weise die häufigen Unfälle, wie sie bei Gewittern vorkommen. Es ist wohlbekannt, dass oft Gegenstände in Brand gesetzt werden, ohne vom Blitz getroffen zu sein. Wir wollen jetzt sehen, wie dies geschehen kann. An einem Nagel im Dache z. B. oder an irgend einem Vorsprunge, der mehr oder weniger leitend ist oder durch Feuchtigkeit so geworden ist, kann ein mächtiges Lichtbüschel auftreten. Wenn der Blitz irgendwo in der Nähe einschlägt, so kann dies möglicher Weise zur Folge haben, dass die enorme Spannung viele Millionen Male in der Sekunde alternirt oder fluktuirt. Die Luftmoleküle werden heftig angezogen und abgestossen und bringen durch ihren Stoss eine so mächtige Wärmewirkung hervor, dass ein Feuer entsteht. Es ist denkbar, dass ein Schiff zur See in dieser Weise gleichzeitig an mehreren Punkten Feuer fängt. Wenn wir erwägen, dass auch bei den vergleichsweise niedrigen Frequenzen, die man mit einer Dynamomaschine erreichen kann, und mit Spannungen von nicht mehr als ein- oder zweihunderttausend Volt die Wärmewirkungen beträchtlich sind, so können wir uns denken, um wie viel mächtiger dieselben bei vielmal grösseren Frequenzen und Spannungen sein müssen, und es erscheint daher die obige Erklärung zum mindesten als sehr wahrscheinlich. Möglicher Weise sind bereits ähnliche Erklärungen aufgestellt worden, es ist mir aber nicht bekannt, dass bis jetzt die Wärmewirkungen eines Lichtbüschels, welches durch eine rasch wechselnde Spannung erzeugt wird, experimentell nachgewiesen worden wären, wenigstens nicht in so bemerkenswerthem Grade.

Wenn man den Wechsel der Luftmoleküle vollständig verhindert, so kann die lokale Wärmewirkung derart erhöht werden, dass ein Körper zum Glühen gebracht wird. Wenn z. B. ein kleiner Knopf oder lieber ein sehr dünner Draht oder Faden in eine nicht evakuirte Kugel eingeschlossen und mit der Klemme der Spule verbunden wird, so kann derselbe glühend gemacht werden. Die Erscheinung wird noch interessanter dadurch, dass sich das obere Ende des Fadens rasch im Kreise herumbewegt und dadurch das Aussehen eines leuchtenden Trichters darbietet (Fig. 111), welcher sich bei wachsender Spannung erweitert. Ist die Spannung niedrig, so kann das Ende des Fadens unregelmässige Bewegungen ausführen, indem es plötzlich aus der einen in die andere Bewegung übergeht, oder es kann eine Ellipse beschreiben; ist die Spannung aber sehr hoch, so bewegt es sich stets in einem Kreise, und so bewegt sich im Allgemeinen ein dünner gerader Draht, der frei an der Klemme der Spule befestigt ist. Diese Bewegungen haben natürlich ihren Grund in dem Anprall der Moleküle und in der Unregelmässigkeit der Spannungsvertheilung infolge der unebenen und unsymmetrischen Beschaffenheit des Drahtes oder Fadens. Bei einem vollkommen symmetrischen und glatten Drahte würden solche Bewegungen wahrscheinlich nicht vorkommen. Dass die Bewegung aller Wahrscheinlichkeit nach nicht von andern Ursachen herrührt, geht aus der Thatsache hervor, dass sie keine bestimmte Richtung hat und in einer sehr stark evakuirten Kugel ganz aufhört. Die Möglichkeit, einen Körper in einer evakuirten Kugel oder auch, wenn er gar nicht eingeschlossen ist, zum Glühen zu bringen, dürfte einen Weg zeigen, Lichtwirkungen hervorzubringen, die nach Vervollkommnung der Methoden zur Erzeugung rasch wechselnder Spannungen zu nützlichen Zwecken verwerthet werden könnten.

Fig. 111.

Bei Anwendung einer käuflichen Spule ist die Erzeugung sehr kräftiger Büschelwirkungen mit erheblichen Schwierigkeiten verbunden, da, wenn solche hohen Frequenzen und enormen Spannungen benutzt werden, auch die beste Isolation nicht Stand zu halten vermag. In der Regel ist die Spule gut genug isolirt, um der Spannung von Windung zu Windung zu widerstehen, da zwei mit doppelter Seidenbespinnung versehene paraffinirte Drähte eine Spannung von mehreren tausend Volt aushalten. Die Schwierigkeit liegt hauptsächlich darin, das Durchschlagen von der sekundären Spule nach der primären, welches durch die von letzterer ausgehenden Strömungen bedeutend erleichtert wird, zu verhindern. In der Spule ist natürlich die Beanspruchung von Abtheilung zu Abtheilung am grössten, gewöhnlich aber sind bei einer grösseren Spule so viele Abtheilungen vorhanden, dass die Gefahr eines plötzlichen Durchschlagens nicht sehr gross ist. Nach dieser Richtung begegnet man im Allgemeinen keiner Schwierigkeit und überdies wird die Möglichkeit einer inneren Beschädigung der Spule durch den Umstand sehr verringert, dass die höchst wahrscheinlich erzeugte Wirkung einfach eine allmähliche Erwärmung ist, die, weit genug vorgeschritten, der Beobachtung nicht entgehen kann. Das Haupterforderniss ist also, die Strömungen zwischen der primären Spule und der Röhre zu verhüten, nicht allein wegen der Erwärmung und möglichen Beschädigung, sondern auch weil die Strömungen die an den Klemmen verwerthbare Spannungsdifferenz sehr erheblich vermindern können. Einige Andeutungen darüber, wie dies geschehen kann, dürften daher bei den meisten dieser Versuche, wenn sie mit der gewöhnlichen Induktionsspule ausgeführt werden, sich nützlich erweisen.

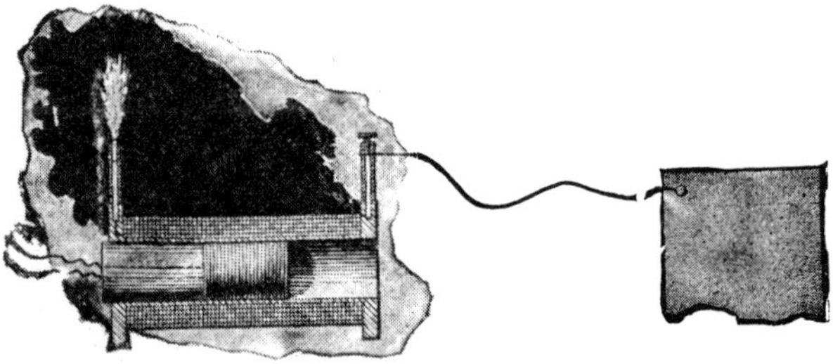

Fig. 112a.

Eins dieser Mittel besteht darin, dass man eine kurze Primärspule wickelt (Fig. 112a), so dass die Spannungsdifferenz bei dieser Länge nicht gross genug ist, um das Durchbrechen der Strömungen durch die isolirende Röhre hindurch zu veranlassen. Die Länge der primären Spule sollte durch den Versuch bestimmt werden. Beide Enden der Spule sind an einem und demselben Ende durch einen in die Röhre hineinpassenden Stöpsel aus isolirendem Material, wie in der Figur dargestellt, nach aussen zu führen. Bei einer solchen Anordnung wird das eine Ende der sekundären Spule an einem Körper befestigt, dessen Oberfläche mit der grössten Sorgfalt derart bestimmt wird, dass er die grösste Spannungssteigerung erzeugt. An dem andern Ende erscheint dann ein mächtiges Büschel, mit dem man experimentiren kann.

Die obige Methode erfordert die Anwendung einer Primärspule von verhältnissmässig geringer Grösse und letztere erwärmt sich leicht, wenn kräftige Wirkungen eine gewisse Zeit hindurch wünschenswerth sind. In solchem Falle ist es besser, eine grössere Spule anzuwenden (Fig. 112b) und dieselbe von der einen Seite in die Röhre einzuführen, bis die Strömungen zum Vorschein kommen. In diesem Falle kann das nächste Ende der sekundären Spule mit der Primärspule oder mit der Erde verbunden werden, was praktisch dasselbe ist, wenn die Primärspule direkt mit der Maschine verbunden ist. Im Falle von Erdverbindungen thut man gut, die Frequenz, welche für die Bedingungen des Versuchs am besten geeignet ist, experimentell zu bestimmen. Ein anderes Verfahren, die Strömungen mehr oder weniger zu verhüten, besteht darin, dass man die Primärspule in Abtheilungen herstellt und ihr den Strom aus getrennten gut isolirten Stromquellen zuführt.

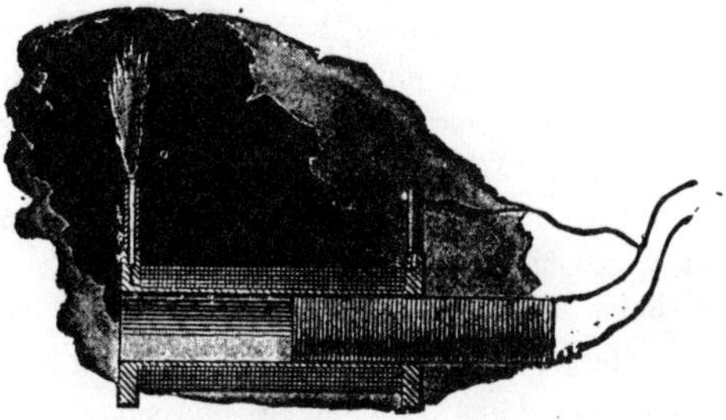

Fig. 112b.

Bei manchen von diesen Versuchen, bei welchen kräftige Wirkungen nur eine kurze Zeit hindurch gewünscht werden, ist es vortheilhaft, Eisenkerne in den Primärspulen zu benutzen. In einem derartigen Falle kann man eine sehr grosse primäre Spule wickeln und dieselbe neben die sekundäre Spule setzen; und nachdem man das nächste Ende der letzteren mit der primären Spule verbunden hat, führt man einen untertheilten Eisenkern durch die Primärspule hindurch in die sekundäre Spule hinein, soweit als es die Strömungen gestatten. Unter diesen Verhältnissen kann man ein ausserordentlich kräftiges Büschel von mehreren Zoll Länge, das man passend „St. Elms-Glühfeuer“ nennen kann, an dem andern Pole der sekundären Spule hervorbringen, was überraschende Effekte erzeugt. Es ist ein sehr kräftiger Ozonerzeuger, ein so kräftiger in der That, dass nur wenige Minuten genügen, um den ganzen Raum mit dem Ozongeruch zu erfüllen, und es besitzt unzweifelhaft die Eigenschaft, chemische Wirkungen hervorzubringen.

Zur Erzeugung von Ozon sind Wechselströme von sehr hoher Frequenz in hervorragendem Maasse geeignet, nicht nur mit Rücksicht auf die Vortheile, welche sie bezüglich der Umwandlung bieten, sondern auch infolge des Umstandes, dass die ozonisirende Wirkung einer Entladung sowohl von der Frequenz als auch von der Spannung abhängig ist, was unzweifelhaft durch Beobachtung bestätigt wird.

Wird bei diesen Versuchen ein Eisenkern benutzt, so muss man auf denselben sorgfältig Acht geben, da derselbe in unglaublich kurzer Zeit ausserordentlich heiss zu werden vermag. Um eine Vorstellung von der Schnelligkeit der Erwärmung zu geben, will ich anführen, dass, wenn man einen kräftigen Strom durch eine Spule von vielen Windungen hindurchschickt, man in dieselbe einen dünnen Eisendraht nicht länger als eine Sekunde hineinzuschieben braucht, um denselben auf etwa 100° C. zu erwärmen.

Aber diese rasche Erwärmung braucht uns nicht abzuhalten, bei rasch wechselnden Strömen Eisenkerne zu verwenden. Ich habe schon seit längerer Zeit die Ueberzeugung gewonnen, dass bei der industriellen Energievertheilung mittels Transformatoren etwa ein Plan wie der folgende praktisch sein würde. Wir können einen verhältnissmässig kleinen, untertheilten oder vielleicht nicht einmal untertheilten Eisenkern benutzen. Diesen Kern können wir mit einem feuerbeständigen und die Wärme schlecht leitenden Material von beträchtlicher Dicke umgeben und darüber die primären und sekundären Windungen anbringen. Indem wir dann entweder höhere Frequenzen oder grössere magnetisirende Kräfte anwenden, können wir durch Hysteresis und Wirbelströme den Eisenkern so weit erhitzen, dass er nahezu auf das Maximum seiner Permeabilität kommt, welches, wie Hopkinson gezeigt hat, etwa sechzehnmal grösser sein kann als bei gewöhnlichen Temperaturen. Wenn der Eisenkern vollständig eingeschlossen ist, würde er durch die Hitze nicht Schaden leiden, und wenn die Umhüllung mit feuersicherem Material dick genug ist, so würde trotz der hohen Temperatur nur ein geringer Betrag an Energie durch Strahlung verloren gehen. Nach diesem Plane sind Transformatoren von mir konstruirt worden, aber aus Mangel an Zeit konnten bisher keine eingehenden Versuche ausgeführt werden.

Ein anderes Verfahren, um den Eisenkern bei rasch wechselnden Strömen zu verwenden oder, allgemein gesprochen, die Reibungsverluste zu verringern, besteht darin, dass man durch fortgesetzte Magnetisirung einen Fluss von ungefähr siebentausend oder achttausend Kraftlinien per Quadratcentimeter durch den Kern hindurch erzeugt und dann um den Punkt der grössten Permeabilität herum mit schwachen magnetisirenden Kräften und vorzugsweise hohen Frequenzen arbeitet. In dieser Weise lässt sich ein höherer Wirkungsgrad der Transformation und eine grössere Leistungsfähigkeit erreichen. Ich habe dieses Princip auch in Verbindung mit Maschinen angewendet, bei denen keine Umkehrung der Polarität stattfindet. Bei diesen Maschinentypen erzielt man, so lange dieselben nur wenige Polvorsprünge haben, keinen grossen Vortheil, da die Maxima und Minima der Magnetisirung weit ab von dem Punkte der grössten Permeabilität liegen; wenn aber die Anzahl der Polvorsprünge sehr gross ist, so kann man die erforderliche Schnelligkeit der Stromwechsel erreichen, ohne die Magnetisirung so weit zu variiren, dass man sich beträchtlich von dem Punkte der grössten Permeabilität entfernt, was einen erheblichen Gewinn bedeutet.

Die oben beschriebenen Anordnungen beziehen sich nur auf den Gebrauch im Handel käuflicher Spulen, wie sie gewöhnlich hergestellt werden. Will man eine Spule speciell zu dem Zwecke herstellen, um mit ihr solche Versuche, wie ich sie beschrieben habe, anzustellen, oder allgemein, um sie zu befähigen, die grösstmöglichen Spannungsdifferenzen auszuhalten, so dürfte sich eine Konstruktion, wie sie in Fig. 113 angedeutet ist, als vortheilhaft erweisen. Die Spule wird in diesem Falle aus zwei von einander unabhängigen, entgegengesetzt gewickelten Theilen gebildet und die Verbindung zwischen beiden wird nahe an der Primärspule hergestellt. Da die Spannung in der Mitte Null ist, so besteht kein grosses Bestreben, auf die Primärspule überzuspringen, und es ist keine starke Isolation erforderlich. In einigen Fällen kann man indessen den mittleren Punkt mit der primären Spule oder mit der Erde verbinden. Bei einer solchen Spule liegen die Stellen grösster Spannungsdifferenz weit ab von einander und die Spule vermag einer enormen Spannung zu widerstehen. Die beiden Theile können beweglich sein, um eine kleine Regulirung der Kapacitätswirkung zu ermöglichen.

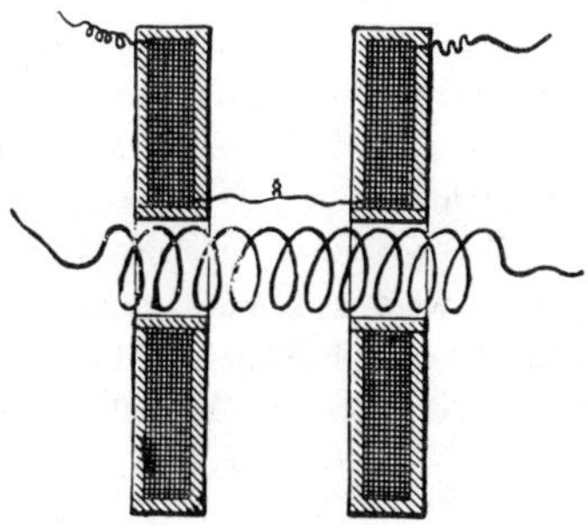

Fig. 113.

Was die Art der Isolirung der Spule anbelangt, so wird sich das folgende Verfahren als zweckmässig erweisen. Zunächst siede man den Draht in Paraffinöl, bis alle Luft ausgetrieben ist. Dann wickele man die Spule, indem man den Draht durch geschmolzenes Paraffin laufen lässt, letzteres nur zu dem Zwecke, um den Draht festzulegen. Die Spule wird dann von dem Spulencylinder abgenommen und in ein mit reinem geschmolzenen Wachs gefülltes cylindrisches Gefäss getaucht und so lange gekocht, bis keine Blasen mehr erscheinen. Das Ganze wird dann stehen gelassen, um es vollständig abzukühlen, und darauf wird die Masse aus dem Gefäss herausgenommen und auf einer Drehbank abgedreht. Eine in solcher Weise und mit Sorgfalt hergestellte Spule vermag enormen Spannungsdifferenzen zu widerstehen.

Es kann zweckmässig sein, die Spule in Paraffinöl oder irgend eine andere Art Oel einzutauchen. Es ist dies ein sehr wirksames Isolirungsverfahren, insbesondere wegen der vollständigen Ausschliessung der Luft; indessen dürfte ein mit Oel gefülltes Gefäss gerade kein Gegenstand sein, mit dem man in einem Laboratorium bequem hantiren kann.

Wenn eine gewöhnliche Spule aus einander genommen werden kann, so kann man die primäre Spule aus der Röhre herausnehmen, die letztere an dem einen Ende zustöpseln, das Oel hineinfüllen und die Primärspule wieder einsetzen. Dies giebt eine ausgezeichnete Isolation und verhütet die Bildung von Büschelentladungen.

Unter allen Versuchen, welche mit rasch wechselnden Strömen angestellt werden können, sind diejenigen, welche die Herstellung eines praktischen Beleuchtungsmittels betreffen, die interessantesten. Es lässt sich nicht leugnen, dass die gegenwärtigen Methoden, wenn sie auch glänzende Fortschritte bedeuteten, sehr unökonomisch sind. Es müssen bessere Methoden erfunden, vollkommenere Apparate ersonnen werden. Die neueren Untersuchungen haben neue Möglichkeiten für die Erzeugung einer wirksameren Lichtquelle eröffnet und die allgemeine Aufmerksamkeit hat sich der von geschickten Pionieren angegebenen Richtung zugewendet. Viele haben sich durch die Begeisterung und die Sucht, etwas zu entdecken, fortreissen lassen, aber in ihrem Eifer, Resultate zu erreichen, sind sie irre geführt worden. In der Absicht, elektromagnetische Wellen zu erzeugen, wandten sie ihre Aufmerksamkeit vielleicht zu sehr dem Studium der elektromagnetischen Wirkungen zu und vernachlässigten das Studium der elektrostatischen Erscheinungen. Naturgemäss bedient sich fast jeder Forscher eines Apparates, der dem bei früheren Experimenten angewendeten ähnlich ist. Während aber bei Apparaten dieser Art die elektromagnetischen Induktionswirkungen enorm sind, sind die elektrostatischen Wirkungen ausserordentlich gering.

Bei den Hertz'schen Versuchen z. B. wird eine Induktionsspule hoher Spannung kurz geschlossen durch einen Bogen, dessen Widerstand sehr klein ist, und zwar um so kleiner, je mehr Kapacität an den Klemmen angebracht ist, und die Spannungsdifferenz an diesen wird dadurch enorm verringert. Andererseits können, wenn die Entladung zwischen den Polen nicht übergeht, die statischen Wirkungen beträchtlich sein, aber nur qualitativ, nicht quantitativ, da ihre Zunahme und Abnahme sehr plötzlich und ihre Frequenz sehr gering ist. In keinem Falle sind daher mächtige elektrostatishe Wirkungen wahrnehmbar. Analoge Verhältnisse bestehen, wenn es sich, wie bei einigen interessanten Versuchen von Dr. Lodge, um die disruptive Entladung Leydener Flaschen handelt. Man dachte sich die Sache so — und behauptete es auch, wie ich glaube —, dass in solchen Fällen der grösste Theil der Energie in den Raum ausgestrahlt wird. Im Lichte der oben beschriebenen Versuche wird man diesen Gedanken aufgeben müssen. Ich bin überzeugt, dass in solchen Fällen der grösste Theil der Energie in dem Entladungsbogen sowie in dem leitenden und isolirenden Material der Flasche verzehrt und in Wärme verwandelt wird, obwohl allerdings ein Theil der Energie durch Elektrisirung der Luft verbraucht wird; indessen ist der Betrag der direkt ausgestrahlten Energie sehr gering.

Wenn eine mit Wechselströmen von nur 20 000 Wechseln per Sekunde betriebene Induktionsspule hoher Spannung durch eine selbst nur kleine Flasche geschlossen wird, so geht praktisch die ganze Energie durch das Dielektrikum der Flasche, welches erwärmt wird, hindurch und die elektrostatischen Wirkungen äussern sich ausserhalb nur in sehr schwachem Grade. Nun kann man den äusseren Stromkreis einer Leydener Flasche, d. h. den Bogen und die Verbindungen der Belegungen, als einen Stromkreis betrachten, welcher Wechselströme von ausserordentlich hoher Frequenz und ziemlich hoher Spannung erzeugt und durch die Belegungen und das Dielektrikum zwischen ihnen geschlossen ist, und aus dem Obigen geht hervor, dass die äusseren elektrostatischen Wirkungen sehr gering sein müssen, selbst wenn noch ein zweiter (alternativer) Entladungsstromkreis angewendet wird. Diese Verhältnisse zeigen, dass bei den gewöhnlich zur Verfügung stehenden Apparaten die Beobachtung mächtiger elektrostatischer Wirkungen unmöglich war, und was durch die Erfahrung nach dieser Richtung bekannt geworden ist, ist nur der grossen Geschicklichkeit der Forscher zu verdanken.

Nach der Theorie sind aber mächtige elektrostatische Wirkungen eine unerlässliche Bedingung für die Lichterzeugung. Elektromagnetische Wirkungen sind primär deshalb unverwendbar, weil man, um die gewünschten Wirkungen hervorzubringen, Stromstösse durch einen Leiter zu schicken hätte, der, lange bevor die erforderliche Frequenz der Stromstösse erreicht werden könnte, aufhören würde, dieselben fortzupflanzen. Andererseits scheint es, dass elektromagnetische Wellen von vielmal grösserer Länge als diejenigen des Lichtes, wie sie durch plötzliche Entladung eines Kondensators erzeugt werden können, nicht verwendbar sind, wir müssten denn ihre Wirkungen auf Leiter benutzen, wie in den jetzigen Methoden, welche sehr unökonomisch sind. Mittels solcher Wellen könnten wir die statischen Ladungen der Moleküle oder Atome eines Gases nicht beeinflussen und dieselben zu Schwingungen und zur Lichtemission veranlassen. Lange transversale Wellen können solche Wirkungen anscheinend nicht hervorbringen, da ausserordentlich kleine elektromagnetische Störungen leicht meilenweit durch die Luft sich fortpflanzen. Solche dunklen Wellen können, wie es scheint, nicht die leuchtende Strahlung in einer Geissler'schen Röhre erregen, wofern sie nicht die Länge wirklicher Lichtwellen haben, und ich bin geneigt, die Lichtwirkungen, welche durch Induktion in einer elektrodenlosen Röhre hervorgebracht werden können, als solche von elektrostatischer Natur zu betrachten.

Um solche Lichtwirkungen hervorzubringen, sind gerade elektrostatische Stösse erforderlich; diese können, welches auch ihre Frequenz sein möge, die molekularen Ladungen stören und Licht erzeugen. Da Stromstösse von der erforderlichen Frequenz nicht durch einen Leiter von messbaren Dimensionen hindurchgehen können, so müssen wir mit einem Gase arbeiten, und dann wird die Erzeugung kräftiger elektrostatischer Wirkungen eine gebieterische Nothwendigkeit.

Ich habe jedoch bemerkt, dass elektrostatische Wirkungen auf mannigfache Weise zur Erzeugung von Licht verwerthet werden können. Wir können z. B. einen Körper aus irgend einem feuerbeständigen Material in eine geschlossene und noch besser mehr oder weniger evakuirte Kugel setzen, denselben mit einer Quelle von hoher rasch wechselnder Spannung verbinden und dadurch bewirken, dass die Gasmoleküle denselben viele Male in der Sekunde mit ungeheuren Geschwindigkeiten treffen und ihn auf diese Weise wie mit Trillionen unsichtbarer Hämmer schlagen, bis er glühend wird. Oder wir können einen Körper in eine in sehr hohem Grade luftleer gemachte Kugel, also in ein nicht mehr zu durchschlagendes Vakuum bringen und durch Anwendung sehr hoher Frequenzen und Spannungen hinreichende Energie von ihm auf andere Körper in der Nähe oder überhaupt auf die Umgebung übertragen, um sie auf jedem beliebigen Grade des Glühens zu erhalten; oder wir können endlich mit Hülfe solcher schnell wechselnden hohen Spannungen den von den Molekülen eines Gases mitgeführten Aether oder ihre statischen Ladungen stören und sie dadurch veranlassen zu vibriren und Licht auszusenden.

Da aber elektrostatische Wirkungen von der Spannung und der Frequenz abhängig sind, so ist es wünschenswerth, um die kräftigste

Wirkung hervorzubringen, beide so weit als praktisch ausführbar zu steigern. Es ist möglich, recht hübsche Resultate dadurch zu erhalten, dass man den einen dieser Faktoren niedrig hält, falls nur der andere genügend gross ist; jedoch ist man in beiden Richtungen beschränkt. Meine Erfahrung hat gezeigt, dass man nicht unter eine gewisse Frequenz hinabgehen darf, denn erstens wird die Spannung dann so gross, dass sie gefährlich ist, und zweitens ist die Lichterzeugung weniger wirkungsvoll.

Ich habe gefunden, dass bei Anwendung der gewöhnlichen niedrigen Frequenzen die physiologische Wirkung des Stromes, welcher erforderlich ist, um eine 120 cm lange, an beiden Enden mit äusseren und inneren Kondensatorbelegungen versehene Röhre auf einem gewissen Helligkeitsgrade zu erhalten, so kräftig ist, dass sie diejenigen, welche an solche Schläge nicht gewöhnt sind, ernstlich verletzen dürfte, während dagegen bei zwanzigtausend Wechseln per Sekunde die Röhre auf demselben Helligkeitsgrade gehalten werden kann, ohne dass man irgend welche Wirkung auf sich fühlt. Dies rührt hauptsächlich von der Thatsache her, dass zur Erzeugung der nämlichen Lichtwirkung eine viel kleinere Spannung erforderlich ist, und ferner von dem höheren Wirkungsgrade der Lichterzeugung. Offenbar ist in solchen Fällen der Wirkungsgrad um so grösser, je höher die Frequenz ist; denn je schneller der Process der Ladung und der Entladung der Moleküle vor sich geht, um so weniger Energie wird in Form der dunklen Strahlung verloren. Leider aber können wir wegen der Schwierigkeit der Erzeugung und Fortleitung der Wirkungen nicht über eine gewisse Frequenz hinausgehen.

Ich habe oben angeführt, dass ein in eine nicht evakuirte Kugel eingeschlossener Körper einfach durch Verbindung mit einer Quelle von rasch wechselnder Spannung intensiv erhitzt werden kann. Die Erwärmung ist in solchem Falle höchstwahrscheinlich zum grössten Theile dem Anprallen der in der Kugel enthaltenen Gasmoleküle zuzuschreiben. Ist die Kugel evakuirt, so erfolgt die Erwärmung des Körpers viel schneller und es ist durchaus nicht schwierig, einen Draht oder Faden zu irgend einem Grade des Glühens zu bringen dadurch, dass man ihn einfach mit einem Ende einer Spule von geeigneten Dimensionen verbindet. Wird z. B. der bekannte Apparat von Prof. Crookes, welcher aus einem gebogenen Platindraht mit darüber montirten Flügeln besteht (Fig. 114), mit einem Pole der Spule verbunden — und zwar kann entweder nur ein Ende oder beide Enden des Platindrahtes angeschlossen werden —, so wird der Draht fast augenblicklich glühend, und die Glimmerflügel rotiren, als ob ein Batteriestrom benutzt würde. Ein dünner Kohlenfaden oder, noch besser, ein Knopf von irgendwelchem feuerbeständigem Material (Fig. 115), auch wenn dasselbe ein verhältnissmässig schlechter Leiter ist, der in eine evakuirte Kugel eingeschlossen ist, kann hochglühend gemacht werden, und auf diese Weise ist eine einfache Lampe hergestellt, die jede gewünschte Kerzenstärke zu geben vermag.

Der Erfolg von Lampen dieser Art würde hauptsächlich von der Wahl der in der Kugel enthaltenen lichtspendenden Körper abhängen. Da sich unter den beschriebenen Verhältnissen feuerbeständige Körper — welche sehr schlechte Leiter sind und lange Zeit hindurch ausserordentlich hohen Wärmegraden zu widerstehen vermögen — benutzen lassen, so dürfte man mit solchen Beleuchtungsvorrichtungen möglicher Weise Erfolge erzielen können.

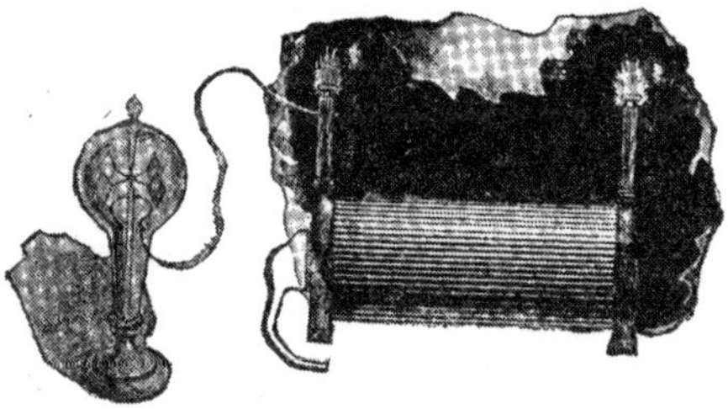

Fig. 114.

Fig. 115.

Man könnte zunächst denken, dass, wenn die den Faden oder Knopf aus feuerbeständigem Material enthaltende Kugel vollkommen luftleer gemacht ist, d. h. soweit es eben mit Hülfe der besten Apparate geschehen kann, die Erwärmung viel weniger intensiv sein sollte und dass sie in einem vollkommenen Vakuum überhaupt nicht stattfinden könnte. Dies wird durch meine Erfahrung nicht bestätigt; im Gegentheil, je besser das Vakuum, um so leichter werden die Körper zum Glühen gebracht. Dies Resultat ist aus verschiedenen Gründen interessant.

Gleich im Anfang dieser Arbeit kam mir der Gedanke, ob vielleicht zwei Körper aus feuerbeständigem Material, die in eine Kugel eingeschlossen sind, welche bis zu einem solchen Grade luftleer gemacht ist, dass die Entladung einer grossen in der gewöhnlichen Weise betriebenen Induktionsspule nicht mehr hindurchzugehen vermag, durch blosse Kondensatorwirkung glühend gemacht werden könnten. Offenbar sind, zur Erreichung dieses Resultats enorme Spannungsdifferenzen und sehr hohe Frequenzen erforderlich, wie eine einfache Rechnung zeigt.

Eine solche Lampe würde indessen hinsichtlich des Wirkungsgrades einen bedeutenden Vortheil vor einer gewöhnlichen Glühlampe voraus haben. Bekanntlich ist der Wirkungsgrad einer Lampe bis zu gewissem Grade eine Funktion des Glühgrades und der Wirkungsgrad würde viel grösser sein, wenn wir nur im Stande wären, einen Kohlenfaden auf einen vielfach höheren Glühgrad zu bringen. Bei einer gewöhnlichen Lampe ist dies wegen der Zerstörung des Kohlenfadens nicht angängig und durch die Erfahrung ist bestimmt worden, wie weit man zweckmässig die Gluth treiben kann. Es ist unmöglich zu sagen, ein wie viel höherer Wirkungsgrad erreicht werden könnte, wenn der Faden einen unendlich grossen Widerstand besässe, da eine zu diesem Behufe angestellte Untersuchung offenbar nicht über eine gewisse Grenze hinaus geführt werden kann; es sprechen jedoch gewisse Gründe dafür, dass derselbe sehr beträchtlich höher sein würde. Eine Verbesserung könnte bei der gewöhnlichen Lampe durch Anwendung einer kurzen und dicken Kohle erreicht werden; alsdann aber würden die Einführungsdrähte dick sein müssen und ausserdem lassen noch viele andere Erwägungen eine solche Modifikation als vollständig unausführbar erscheinen. Bei einer solchen Lampe, wie oben beschrieben, aber können die Einführungsdrähte sehr dünn sein, das glühende feuerbeständige Material kann die Form von Klötzchen haben, die eine sehr kleine strahlende Oberfläche darbieten, so dass weniger Energie erforderlich sein würde, um dieselben auf der gewünschten Gluth zu erhalten, und überdies braucht das feuerbeständige Material nicht Kohle zu sein, sondern kann aus Mischungen z. B. von Oxyden mit Kohle oder anderem Material hergestellt werden oder es kann aus Körpern genommen werden, welche praktisch Nichtleiter und im Stande sind, enormen Temperaturgraden zu widerstehen.

Alles dies weist auf die Möglichkeit hin, dass man mit einer solchen Lampe einen viel höheren Wirkungsgrad erreichen kann, als er sich bei gewöhnlichen Lampen erzielen lässt. Bei meinen Versuchen hat sich ergeben, dass die Klötzchen mit viel geringeren Spannungen, als die Rechnung ergeben hatte, zu hohen Glühgraden gebracht und in grösseren Entfernungen von einander angebracht werden können. Man darf getrost annehmen, und die Wahrscheinlichkeit spricht dafür, dass das Bombardement der Moleküle ein wichtiges Element bei der Erwärmung ist, selbst wenn die Kugel mit der grössten Sorgfalt, wie ich es gethan habe, evakuirt wird; denn obwohl die Zahl der Moleküle in diesem Falle, vergleichsweise gesprochen, unbedeutend ist, finden doch, weil der mittlere freie Weg sehr gross ist, weniger Zusammenstösse statt und die Moleküle können weit höhere Geschwindigkeiten erreichen, so dass die aus dieser Ursache herrührende Wärmewirkung, wie bei den Crookes'schen Versuchen mit strahlender Materie, erheblich sein kann.

Es ist aber auch möglich, dass die Moleküle in einem sehr hohen Vakuum, wenn die Spannung sich rasch ändert, leichter ihre Ladung verlieren, in welchem Falle der grösste Theil der Erwärmung direkt von dem Hin- und Herwogen der Ladungen in den erwärmten Körpern herrühren würde. Oder sonst könnte die beobachtete Thatsache hauptsächlich der Wirkung der Spitzen zuzuschreiben sein, von der ich oben gesprochen habe und infolge deren die in dem Vakuum enthaltenen

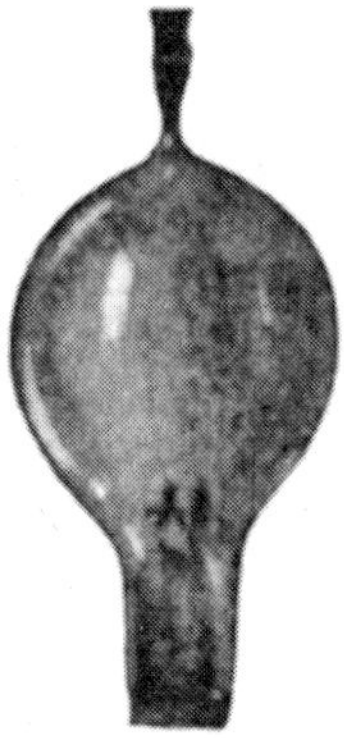

Fig. 116.

Fig. 117.

Klötzchen oder Fäden Kondensatoren von vielmal grösserer Oberfläche, als aus ihren geometrischen Dimensionen folgen würde, äquivalent sind. Die Gelehrten sind noch nicht darüber einig, ob eine Ladung sich in einem volkommenen Vakuum verliert oder nicht, oder mit andern Worten, ob der Aether ein Leiter ist oder nicht. Wäre das erstere der Fall, so würde ein dünner Kohlefaden, welcher in eine vollkommen luftleer gemachte Kugel eingeschlossen und mit einer Quelle von enormer konstanter Spannung verbunden ist, zum Glühen gebracht werden.

Ich habe verschiedene Formen von Lampen nach dem oben beschriebenen Princip, deren feuerbeständige Körper die Form von Fäden (Fig. 116) oder Klötzchen (Fig. 117) hatten, hergestellt und in Betrieb gesetzt, und weitere Untersuchungen nach dieser Richtung hin sind im Gange. Es hat keine Schwierigkeit, derartig hohe Glühgrade zu erreichen, dass gewöhnliche Kohle allem Anschein nach geschmolzen und verflüchtigt wird. Wenn ein absolut vollkommenes Vakuum hergestellt werden könnte, würde eine solche Lampe, obwohl sie bei den gewöhnlich angewandten Apparaten nicht zu brauchen ist, wenn mit Strömen von der erforderlichen Art betrieben, ein Beleuchtungsmittel darstellen, welches unzerstörbar und bei weitem leistungsfähiger sein würde als eine gewöhnliche Glühlampe. Diese Vollkommenheit lässt sich natürlich nie erreichen, und es wird eine sehr langsame Zerstörung und allmähliche Abnahme im Querschnitt immer eintreten, wie bei gewöhnlichen Glühlampenfäden; aber es ist keine Möglichkeit einer plötzlichen und vorzeitigen Unbrauchbarkeit vorhanden, wie sie bei letzteren durch den Bruch des Fadens eintritt, besonders dann nicht, wenn die Glühkörper die Form von Klötzchen haben.

Bei diesen rasch wechselnden Spannungen ist es aber durchaus nicht nothwendig, zwei Klötzchen in eine Kugel einzuschliessen, sondern es kann ein einziger Klotz, wie in Fig. 115, oder ein einziger Faden, wie in Fig. 118, benutzt werden. Die Spannung muss natürlich in diesem Falle höher sein, dieselbe lässt sich aber leicht erreichen und ist ausserdem nicht nothwendig gefährlich.

Fig. 118.

Die Leichtigkeit, mit welcher der Knopf oder Faden in einer solchen Lampe zum Glühen gebracht wird, hängt unter sonst gleichen Umständen von der Grösse der Kugel ab. Wäre ein vollkommenes Vakuum erreichbar, so würde die Grösse der Kugel nicht von Bedeutung sein, denn dann würde die Erwärmung vollständig von dem Fluktuiren der Ladungen herrühren, und die gesammte Energie würde durch Strahlung an die Umgebung abgegeben werden. Aber dies kann in der Praxis nie eintreten. Es bleibt stets etwas Gas in der Kugel zurück, und wenn auch die Luftentleerung bis zum höchsten Grade getrieben wird, so muss doch der Raum innerhalb der Kugel als leitend angesehen werden, wenn so hohe Spannungen benutzt werden, und ich nehme an, dass man zur Beurtheilung der Energie, welche von dem Faden an die Umgebung abgegeben werden kann, die innere Fläche der Kugel als die eine Belegung eines Kondensators betrachten kann, während die Luft und die andern in der Umgebung der Kugel befindlichen Gegenstände die andere Belegung bilden. Wenn die Stromwechsel sehr langsam sind, so wird ohne Zweifel ein erheblicher Theil der Energie durch die Elektrisirung der umgebenden Luft verbraucht.

Um diesen Gegenstand besser zu studiren, führte ich einige Versuche mit ausserordentlich hohen Spannungen und niedrigen Frequenzen aus. Ich beobachtete dann, dass man, wenn man die Hand der Lampenbirne nähert — während der Faden mit der einen Klemme der Spule verbunden ist — ein kräftiges Zittern fühlt, welches von der Anziehung und Abstossung der Luftmoleküle, die durch Induktion durch das Glas hindurch elektrisirt werden, herrührt. In einigen Fällen, wo die Wirkung sehr intensiv war, konnte ich einen Ton hören, der derselben Ursache zuzuschreiben ist.

Wenn die Zahl der Stromwechsel gering ist, so kann man einen ausserordentlich kräftigen Schlag von der Lampenbirne erhalten. Im Allgemeinen sollte man, wenn man Lampenbirnen oder Gegenstände von einiger Grösse an den Klemmen der Spule anbringt, auf die Erhöhung der Spannung Acht geben, da es vorkommen kann, dass durch blosses Befestigen einer Glasbirne oder Platte an der Klemme, die Spannung bis zu einem Vielfachen ihres ursprünglichen Werthes steigt. Werden Lampen an den Klemmen angebracht, wie in Fig. 119 dargestellt, so soll die Kapacität der Birnen derart sein, dass sie unter den obwaltenden Verhältnissen die grösste Spannungserhöhung giebt. Auf diese Weise kann man die erforderliche Spannung mit weniger Drahtwindungen erhalten.

Das Leben solcher Lampen, wie oben beschrieben, hängt natürlich in bedeutendem Maasse von dem Grade der Evakuirung, in einigem Grade aber auch von der Form des Klotzes aus feuerbeständigem Material ab. Theoretisch betrachtet sollte eine kleine in eine Glaskugel eingeschlossene Kohlenkugel keinen Verschleiss durch das Bombardement der Moleküle erleiden; denn wenn die Materie in der Kugel strahlend wäre, so würden sich die Moleküle in geraden Linien bewegen und selten die Kugel in schräger Richtung treffen. Ein interessanter Gedanke bezüglich einer solchen Lampe ist der, dass in ihr „Elektricität“ und elektrische Energie sich scheinbar in denselben Linien bewegen müssen.

Die Verwendung von Wechselströmen von sehr hoher Frequenz ermöglicht es, mittels elektrostatischer oder elektromagnetischer Induktion durch das Glas der Lampe hindurch eine hinreichende Energiemenge zu übertragen, um einen Faden glühend zu erhalten und so die Einführungsdrähte zu beseitigen. Derartige Lampen sind bereits in Vorschlag gebracht worden, aber da es an geeigneten Apparaten fehlte, konnten sie nicht erfolgreich betrieben werden. Ich habe viele Formen von Lampen nach diesem Princip mit zusammenhängenden und unterbrochenen Fäden hergestellt und mit denselben experimentirt. Bei Verwendung eines in die Lampe eingeschlossenen sekundären Drahtes verbindet man vortheilhaft einen Kondensator mit dem sekundären Draht. Wird die Uebertragung mittels elektrostatischer Induktion bewirkt, so sind natürlich die verwendeten Spannungen bei Frequenzen, wie man sie mit einer Maschine erhalten kann, sehr hoch. Z. B. ist bei einer Kondensatorfläche von 40 Quadratcentimeter, die nicht unpraktisch gross ist, und mit Glas von guter Qualität und 1 mm Dicke, wenn Wechselströme von 20000 Wechseln in der Sekunde gebraucht werden, die erforderliche Spannung annähernd 9000 Volt. Dies mag hoch erscheinen, aber da jede Lampe in den sekundären Stromkreis eines Transformators von sehr kleinen Dimensionen eingeschaltet werden kann, so würde das kein Nachtheil sein und überdies keine gefährliche Beschädigung herbeiführen können. Die Transformatoren wären am besten sämmtlich hinter einander zu schalten.

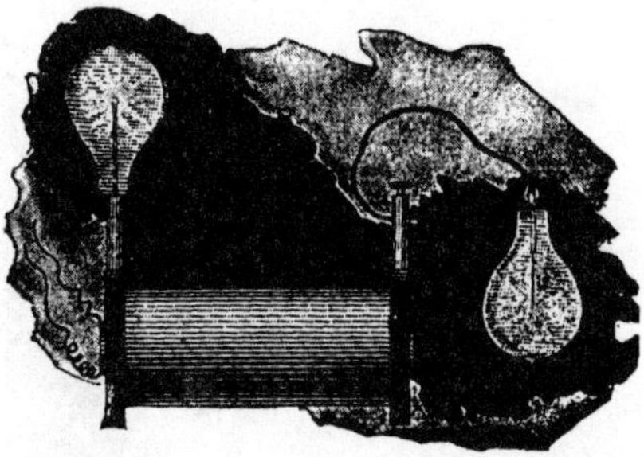

Fig. 119.

Die Regulirung würde keine Schwierigkeiten bieten, da es sehr leicht ist, bei Strömen von solchen Frequenzen einen konstanten Strom zu unterhalten.

In den beigegebenen Figuren sind einige Lampentypen dieser Art dargestellt. Fig. 120 stellt eine solche Lampe mit unterbrochenem Faden und die Fig. 121a und 121b eine solche mit einer einzigen äusseren und inneren Belegung sowie einem einzigen Faden dar. Ich habe auch Lampen mit zwei äusseren und inneren Belegungen und einer kontinuirlichen die letzteren verbindenden Schleife hergestellt. Solche Lampen wurden von mir mit Stromstössen von jenen enormen Frequenzen betrieben, wie sie durch die disruptive Entladung von Kondensatoren erhalten werden.

Die disruptive Entladung eines Kondensators ist für den Betrieb solcher Lampen ohne äussere elektrische Verbindungen mittels elektromagnetischer Induktion besonders geeignet, da die elektromagnetischen Induktionswirkungen ausserordentlich hoch sind; ich war im Stande, den erforderlichen Glühgrad mit nur einigen wenigen kurzen Drahtwindungen hervorzubringen. Auch ein einfacher geschlossener Faden kann auf diese Weise zum Glühen gebracht werden.

Indem ich nun von der praktischen Brauchbarkeit solcher Lampen absehe, will ich nur bemerken, dass sie eine schöne und erwünschte Eigenschaft besitzen, nämlich dass sie einfach durch Aenderung der relativen Lage der äusseren und inneren Kondensatorbelegungen oder des inducirenden und inducirten Stromkreises nach Belieben mehr oder weniger hell brennend gemacht werden können.

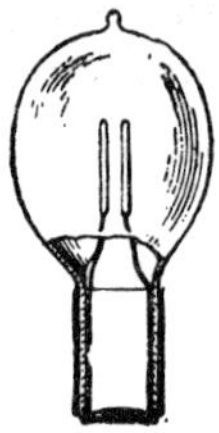

Fig. 120.

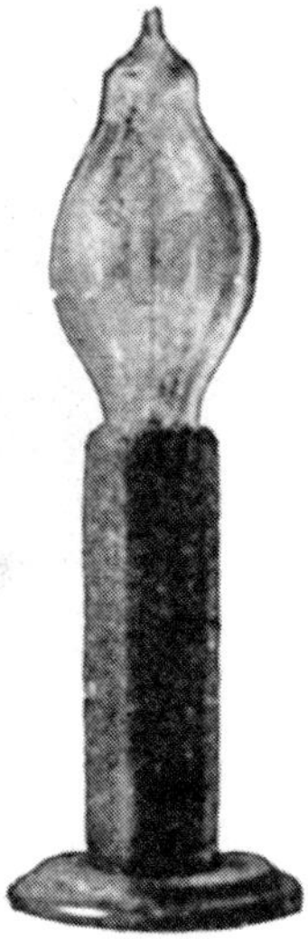

Fig. 121a.

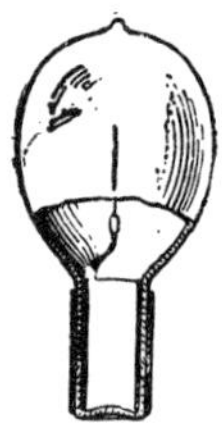

Fig. 121b.

Wenn eine Lampe mit nur einer Klemme der Stromquelle verbunden ist, so kann man das Aufleuchten derselben erleichtern, wenn man die Kugel mit einer äusseren Kondensatorbelegung, welche zugleich als Reflektor dient, versieht und diese mit einem isolirten Körper von einigem Umfange verbindet. Lampen dieser Art sind in den Fig. 122 und 123 dargestellt, während Fig. 124 die Verbindungsweise zeigt. Die Helligkeit der Lampe kann in diesem Falle innerhalb weiter Grenzen durch Aenderung der Grösse der isolirten Metallplatte, mit welcher die Belegung verbunden ist, regulirt werden.

Man kann ferner auch Lampen mit einem Einführungsdraht, wie sie in Fig. 116 und Fig. 117 dargestellt sind, zum Leuchten bringen, wenn man eine Klemme der Lampe mit einer Klemme der Stromquelle und die andere Klemme mit einem isolirten Körper von dem erforderlichen Umfange verbindet. In allen Fällen dient der isolirte Körper dazu, die Energie an den umgebenden Raum abzugeben, und ist einer Rückleitung äquivalent. Offenbar könnte man in den beiden letztgenannten Fällen, anstatt die Drähte mit einem isolirten Körper zu verbinden, Verbindungen mit der Erde herstellen.

Die für den Forscher anregendsten und interessantesten Versuche sind wahrscheinlich die, welche mit luftleeren Röhren ausgeführt wurden. Wie man sich vonvornherein denken kann, ist eine Quelle solcher

Fig. 122.

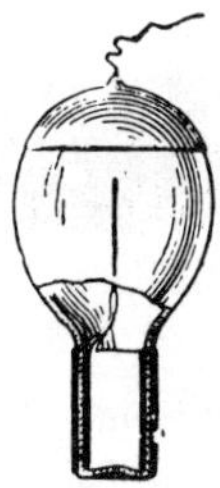

Fig. 123.

rasch wechselnden Spannungen im Stande, die Röhren in beträchtlicher Entfernung zu erregen und bemerkenswerthe Lichteffekte hervorzubringen.

Während meiner Untersuchungen nach dieser Richtung war ich bestrebt, Röhren ohne alle Elektroden durch elektromagnetische Induktion zu erregen, indem ich die Röhre zum Sekundärkreis des Induktionsapparates machte und durch den Primärkreis die Entladungen einer Leydener Flasche hindurchschickte. Die Formen dieser Röhren waren verschiedenartig, und es wurden Lichteffekte erhalten, die ich damals vollständig der elektromagnetischen Induktion zuschrieb. Bei sorgfältiger Untersuchung der Erscheinungen fand ich aber, dass die erzeugten Wirkungen mehr elektrostatischer Natur seien. Es kann diesem Umstande zugeschrieben werden, dass diese Art, die Röhren zu erregen, sehr unökonomisch ist, weil nämlich bei geschlossenem Primärkreise die Spannung und demzufolge auch die elektrostatische Induktionswirkung viel kleiner wird.

Bei Benutzung einer in der oben beschriebenen Weise betriebenen Induktionsspule werden unzweifelhaft die Röhren durch elektrostatische Induktion erregt und elektromagnetische Induktion hat, wenn überhaupt etwas, nur sehr wenig mit der Erscheinung zu thun.

Dies geht aus vielen Versuchen hervor. Wird z. B. eine Röhre in die eine Hand genommen, während sich der Beobachter in der Nähe der Spule befindet, so wird sie brillant erleuchtet und bleibt so, gleichgültig in welcher Lage sie zum Körper des Beobachters gehalten wird. Wäre die Wirkung eine elektromagnetische, so könnte die Röhre nicht erleuchtet werden, wenn der Körper des Beobachters sich zwischen ihr und der Spule befindet, oder wenigstens würde ihre Leuchtkraft erheb-

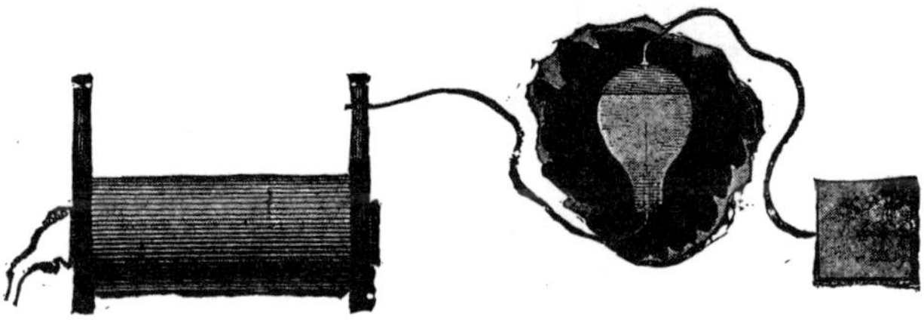

Fig. 124.

lich vermindert sein. Wird die Röhre genau über den Mittelpunkt der Spule gehalten — die letztere ist in Abtheilungen gewickelt und die primäre Spule symmetrisch zur sekundären gelagert —, so bleibt sie vollständig dunkel, während sie intensiv leuchtend wird, wenn man sie vom Mittelpunkt der Spule aus etwas nach links oder rechts bewegt. Sie leuchtet deshalb nicht, weil in der Mitte beide Hälften der Spule einander neutralisiren und die elektrische Spannung Null ist. Wäre die Wirkung eine elektromagnetische, so müsste die Röhre am besten in der durch den Mittelpunkt der Spule gehenden Ebene leuchten, da die elektromagnetische Wirkung daselbst ein Maximum wäre. Wird zwischen den Polen ein Lichtbogen hergestellt, so verlöschen die Röhren und Lampen in der Nähe der Spule, leuchten aber, sobald der Bogen unterbrochen wird, wegen der Erhöhung der Spannung wieder auf. Und doch würde die elektromagnetische Wirkung in beiden Fällen praktisch dieselbe sein.

Stellt man eine Röhre in einiger Entfernung von der Spule und näher an dem einen Pole — am besten in einem Punkte auf der Achse der Spule — auf, so kann man sie dadurch zum Leuchten bringen, dass man den entfernteren Pol mit einem isolirten Körper·

von gewissem Umfange oder mit der Hand berührt, wodurch die Spannung an dem der Röhre näher gelegenen Pole steigt. Wird die Röhre näher nach der Spule hin bewegt, so dass sie durch die Wirkung des näheren Poles erleuchtet wird, so kann man sie dadurch zum Verlöschen bringen, dass man mit Hülfe einer isolirten Zange das Ende eines mit dem entfernten Pole verbundenen Drahtes in die Nähe des näher gelegenen Poles hält, wodurch man die Wirkung des letzteren auf die Röhre aufhebt. Diese Wirkungen sind augenscheinlich elektrostatische. Wird ferner eine Röhre in einer beträchtlichen Entfernung von der Spule aufgestellt, so kann der Beobachter, welcher auf einem isolirten Ständer zwischen Spule und Röhre steht, die letztere dadurch zum Leuchten bringen, dass er die Hand derselben nähert, oder er kann sie sogar leuchtend machen, indem er einfach zwischen ihr und der Spule hin- und hergeht. Dies würde bei elektromagnetischer Induktion unmöglich sein, da der Körper des Beobachters wie ein Schirm wirken würde.

Wenn die Spule durch sehr schwache Ströme erregt wird, so kann der Experimentator dadurch, dass er einen Pol der Spule mit der Röhre berührt, die letztere auslöschen und sie wieder aufleuchten lassen, wenn er den Kontakt mit dem Pole aufhebt und einen kleinen Bogen sich bilden lässt. Dies rührt offenbar her von der respektiven Erniedrigung und Erhöhung der Spannung an jenem Pole. In dem obigen Versuch, wo die Röhre mittels eines kleinen Bogens leuchtend wird, kann dieselbe verlöschen, wenn der Bogen unterbrochen wird, da die elektrostatische Induktionswirkung allein zu schwach ist, obwohl die Spannung viel höher sein kann; wird jedoch der Bogen hergestellt, so ist die Elektrisirung am Ende der Röhre viel grösser und dieselbe leuchtet infolgedessen.

Wenn eine Röhre dadurch zum Leuchten gebracht wird, dass man sie nahe an die Spule hält und mit der andern Hand die Röhre irgendwo anfasst, so wird der Theil zwischen den beiden Händen dunkel, und man kann die eigenartige Erscheinung, als ob man das Licht der Röhre auswische, erzeugen, indem man die Hand schnell über die Röhre hinführt und zu gleicher Zeit sie sanft von der Spule wegzieht, wobei man die Entfernung richtig abschätzt derart, dass die Röhre nachher dunkel bleibt.

Wird die primäre Spule seitwärts gestellt, wie z. B. in Fig. 112b, und wird eine luftleer gemachte Röhre von der andern Seite in den hohlen Raum eingeführt, so wird die Röhre sehr intensiv leuchtend wegen der verstärkten Kondensatorwirkung, und in dieser Lage sind die Schichten sehr scharf begrenzt. In allen diesen beschriebenen Versuchen und in vielen andern ist die Wirkung offenbar eine elektrostatische.

Die Schirmwirkungen weisen ebenfalls auf die elektrostatische Natur der Erscheinungen hin und lassen einigermassen die Natur der Elektrisirung durch die Luft hindurch erkennen. Wird z. B. eine Röhre in die Richtung der Achse der Spule gesetzt, und eine isolirte Metallplatte zwischen sie gebracht, so wird die Röhre im Allgemeinen an Helligkeit zunehmen, oder wenn sie vorher von der Spule zu weit entfernt war, um zu leuchten, so kann sie durch Zwischenschiebung einer isolirten Metallplatte sogar zum Leuchten gebracht werden. Die Grösse der Wirkungen hängt in gewissem Grade von dem Umfange der Platte ab. Wenn die Metallplatte aber mit der Erde durch einen Draht verbunden ist, so wird die Zwischenschiebung derselben die Röhre stets zum Verlöschen bringen, auch wenn sie sehr nahe an der Spule sich befindet. Im Allgemeinen wird durch die Zwischenschiebung eines Körpers zwischen die Spule und die Röhre die Helligkeit der Röhre oder die Leichtigkeit, mit welcher sie aufleuchtet, vermehrt oder vermindert, je nachdem dadurch die Elektrisirung zu- oder abnimmt. Experimentirt man mit einer isolirten Platte, so darf man letztere nicht zu gross nehmen, da sie sonst wegen der grossen Leichtigkeit, mit welcher sie die Energie an die Umgebung abgiebt, im Allgemeinen eine abschwächende Wirkung erzeugt.

Wird eine Röhre in einiger Entfernung von der Spule zum Leuchten gebracht und dann eine Platte aus Hartgummi oder einer andern isolirenden Substanz dazwischen gestellt, so kann die Röhre dadurch verlöschen. Die Zwischenschiebung des Dielektrikums vermehrt in diesem Falle die induktive Wirkung nur wenig, vermindert aber erheblich die Elektrisirung durch die Luft hindurch.

In allen Fällen also, wo wir evakuirte Röhren mit Hülfe einer solchen Spule zum Leuchten bringen, rührt die Wirkung von der rasch wechselnden elektrostatischen Spannung her, und im Weiteren muss sie dem direkt von der Maschine erzeugten harmonischen Stromwechsel und nicht etwa einer Uebereinanderlagerung von Schwingungen, die man sich als vorhanden denken könnte, zugeschrieben werden. Solche übereinandergelagerten Schwingungen sind unmöglich, wenn man mit einer Wechselstrommaschine arbeitet. Wird eine Feder allmählich gespannt und wieder losgelassen, so führt sie keine unabhängigen Schwingungen aus; hierzu ist ein plötzliches Loslassen erforderlich. So ist es auch mit den Wechselströmen einer Dynamomaschine; das Medium wird in harmonischer Weise gespannt und wieder entspannt, wodurch nur eine Art von Wellen entsteht; für die Erzeugung übereinandergelagerter Wellen ist ein plötzlicher Kontakt oder eine plötzliche Unterbrechung oder auch ein plötzliches Nachgeben des Dielektrikums, wie bei der disruptiven Entladung einer Leydener Flasche, wesentlich.

Bei allen zuletzt beschriebenen Versuchen können Röhren ohne Elektroden benutzt werden und es hat keine Schwierigkeit, mit Hülfe derselben genügend Licht zu erzeugen, um dabei lesen zu können. Die Lichtwirkung wird indessen beträchtlich verstärkt durch Verwendung phosphorescirender Körper, wie Yttrium- und Uranglas u. s. w. Bei der Verwendung phosphorescirenden Materials begegnet man jedoch einer Schwierigkeit; dasselbe wird nämlich bei diesen kräftigen Wirkungen nach und nach weggerissen und es ist besser, Material in der Form eines festen Körpers zu verwenden.

Statt zur Beleuchtung der Röhre die Induktion in die Ferne zu benutzen, kann man die Röhre auch mit einer äusseren und, wenn gewünscht, auch mit einer inneren Kondensatorbelegung versehen und sie dann irgendwo in dem Raume an einem Leiter aufhängen, der mit der einen Klemme der Spule verbunden ist. Auf diese Weise kann man eine angenehm milde Beleuchtung herstellen.

Die ideale Art, einen Saal oder ein Zimmer zu beleuchten, würde jedoch darin bestehen, dass man in demselben solche Verhältnisse herzustellen sucht, dass ein Beleuchtungskörper in ihm bewegt und irgend wohin gesetzt werden könnte und dass derselbe leuchtet, wohin man ihn auch setzen möge und ohne dass er mit irgend etwas elektrisch verbunden ist. Ich war im Stande, solche Verhältnisse herbeizuführen, indem ich in dem Zimmer ein kräftiges rasch wechselndes elektrostatisches Feld erzeugte. Zu diesem Zwecke hing ich in einiger Entfernung von der Decke ein Metallblech an isolirenden Schnüren auf und verband dasselbe mit der einen Klemme der Induktionsspule, während die andere Klemme am besten mit der Erde verbunden wurde. Oder ich hing, wie in Fig. 125 dargestellt, zwei Bleche auf, von denen jedes mit einer der Klemmen der Spule verbunden und deren Grösse sorgfältig bestimmt war. Eine evakuirte Röhre kann dann in der Hand irgend wohin zwischen die Bleche geführt oder an irgend einen Platz, selbst in eine gewisse Entfernung jenseits derselben, gehalten werden und sie wird stets leuchtend bleiben.

In einem solchen elektrostatischen Felde kann man interessante Erscheinungen beobachten, besonders wenn die Zahl der Stromwechsel niedrig und die Spannungen ausserordentlich hoch gehalten werden. Ausser den erwähnten Lichterscheinungen bemerkt man, dass jeder isolirte Leiter Funken giebt, wenn die Hand oder irgend ein anderer Gegenstand demselben genähert wird, und diese Funken können recht kräftig sein. Wird ein grosser leitender Gegenstand auf einem isolirenden Ständer befestigt und die Hand demselben genähert, so fühlt man ein Zittern, welches von der rythmischen Bewegung der Luftmoleküle herrührt, und nimmt Lichtstömungen wahr, wenn die Hand in die Nähe eines spitzen Vorsprunges gehalten wird. Bringt man einen Telephonempfänger mit einem seiner Pole oder auch mit beiden mit einem isolirten Leiter von gewisser Grösse in Berührung, so sendet das Telephon einen lauten Ton aus; es sendet ebenfalls einen Ton aus, wenn ein Stück Draht mit einem oder

Fig. 125.

mit beiden Polen verbunden wird, und bei sehr kräftigen Feldern kann man einen Ton auch ohne irgend einen Draht hören.

Wie weit dieses Princip einer praktischen Anwendung fähig ist, wird die Zukunft lehren. Man könnte glauben, dass elektrostatische Effekte für solche Wirkungen in die Ferne ungeeignet seien; elektromagnetische Induktionswirkungen, falls dieselben zur Lichterzeugung verwendbar sind, könnte man für besser geeignet halten. Allerdings nehmen die elektrostatischen Wirkungen nahezu mit dem Kubus der Entfernung von der Spule ab, während die elektromagnetischen Induktionswirkungen einfach mit der Entfernung abnehmen. Wenn wir aber ein elektrostatisches Kraftfeld herstellen, so liegen die Verhältnisse ganz anders, denn dann haben wir anstatt der Differentialwirkung beider Pole deren vereinigte Wirkung. Ausserdem möchte ich darauf aufmerksam machen, dass in einem wechselnden elektrostatischen Felde ein Leiter, wie z. B. eine evakuirte Röhre, den grössten Theil der Energie in sich aufzunehmen strebt, während in einem wechselnden elektromagnetischen Felde der Leiter die wenigste Energie aufzunehmen sucht, indem die Wellen mit nur geringem Verlust reflektirt werden. Dies ist einer der Gründe, weshalb es schwierig ist, eine evakuirte Röhre auf einige Entfernung durch elektromagnetische Induktion zu erregen. Ich habe Spulen von sehr grossem Durchmesser und vielen Drahtwindungen gewickelt und eine Geissler'sche Röhre mit den Enden der Spule verbunden in der Absicht, die Röhre auf einige Entfernung hin zu erregen; aber auch durch die kräftigen induktiven Wirkungen, wie sie durch die Entladungen einer Leydener Flasche hervorgebracht werden können, konnte die Röhre nur auf sehr kleine Entfernungen hin erregt werden, obwohl die Dimensionen der Röhre schon einigermassen darnach eingerichtet waren. Ich habe ferner gefunden, dass auch die kräftigsten Entladungen von Leydener Flaschen in einer geschlossenen luftleeren Röhre nur schwache Lichtwirkungen zu erregen vermochten, und auch diese Wirkungen war ich nach reiflicher Ueberlegung genöthigt als von elektrostatischer Natur zu betrachten.

Wie können wir dann hoffen, die erforderlichen Wirkungen mittels elektromagnetischer Induktion in der Ferne zu erzeugen, wenn wir selbst in der nächsten Nähe der Störungsquelle und unter den günstigsten Verhältnissen nur ein ganz schwaches Leuchten hervorbringen können? Allerdings kann uns, wenn wir in die Ferne wirken wollen, die Resonanz aushelfen. Wir können eine luftleere Röhre, oder welches immer die Beleuchtungsvorrichtung sein möge, mit einem isolirten System von geeigneter Kapacität verbinden und dadurch kann es möglich sein, die Wirkung qualitativ, aber nur qualitativ, zu verstärken, da wir durch den Beleuchtungskörper hindurch nicht mehr Energie erhalten würden. So können wir durch Resonanzwirkung die erforderliche elektromotorische Kraft in einer luftleeren Röhre erhalten und schwache Lichtwirkungen erregen, wir können aber nicht genug Energie erreichen, um das Licht praktisch verwendbar zu machen, und eine auf experimentelle Ergebnisse sich gründende einfache Rechnung zeigt, dass, selbst wenn die gesammte Energie, welche eine Röhre bei einer gewissen Entfernung von der Quelle erhält, vollständig in Licht umgesetzt würde, dasselbe kaum den praktischen Anforderungen genügen würde. Hieraus ergiebt sich die Nothwendigkeit, mittels eines leitenden Stromkreises die Energie nach dem Orte der Umsetzung hinzuleiten. Thun wir aber dies, so können wir von den gegenwärtig verwendeten Methoden nicht erheblich abweichen und alles, was wir thun könnten, würde in einer Verbesserung der Apparate bestehen.

Aus diesen Betrachtungen ist ersichtlich, dass, wenn man diese ideale Art der Beleuchtung in die Praxis einführen wollte, es nur mit Anwendung elektrostatischer Wirkungen geschehen könnte. In einem solchen Falle sind die stärksten elektrostatischen Induktionswirkungen erforderlich; die verwendeten Apparate müssen daher im Stande sein, hohe elektrostatische Potentiale, deren Werth sich mit ausserordentlicher Schnelligkeit ändert, zu erzeugen. Insbesondere sind hohe Frequenzen erforderlich, da praktische Erwägungen es wünschenswerth machen, die Spannung nicht zu hoch zu nehmen. Durch die Anwendung von Maschinen oder, allgemein gesprochen, von irgend welchen mechanischen Apparaten lassen sich aber nur geringe Frequenzen erreichen; man muss daher zu andern Hülfsmitteln seine Zuflucht nehmen. Die Entladung eines Kondensators bietet uns ein Mittel, bei weitem höhere Frequenzen zu erreichen, als auf mechanischem Wege zu erhalten sind, und ich habe daher bei den zu obigem Zwecke angestellten Versuchen Kondensatoren angewendet.

Wenn die Klemmen einer Induktionsspule hoher Spannung mit einer Leydener Flasche verbunden werden (Fig. 126) und die letztere in einen Stromkreis disruptiv entladen wird, so können wir den zwischen den Knöpfen spielenden Bogen als eine Quelle von Wechselströmen oder, allgemein gesprochen, von undulirenden Strömen betrachten und wir haben es dann mit dem bekannten System, bestehend aus einem Erzeuger solcher Ströme, einem mit demselben verbundenen Stromkreise und einem den Stromkreis überbrückenden Kondensator zu thun. Der Kondensator ist in solchem Falle ein wirklicher Transformator, und da die Frequenz ausserordentlich hoch ist, so lässt sich fast jedes Verhältniss in der Stärke der Ströme in beiden Zweigen erreichen. In Wirklichkeit ist die Analogie nicht ganz vollkommen, denn in der disruptiven Entladung haben wir in allgemeinster Weise eine fundamentale augenblickliche Variation von verhältnissmässig niedriger Frequenz und eine darübergelagerte harmonische Schwingung und die das Fliessen der Ströme regirenden Gesetze sind in beiden Fällen nicht die gleichen.

Bei einer derartigen Umsetzung sollte das Umsetzungsverhältniss nicht zu gross sein, denn der Verlust in dem Bogen zwischen den Knöpfen wächst mit dem Quadrat des Stromes, und wenn die Flasche durch sehr dicke und kurze Leiter entladen wird, um eine sehr rasche Oscillation zu erhalten, so geht ein sehr beträchtlicher Theil der aufgespeicherten Energie verloren. Andererseits sind aus vielen naheliegenden Gründen zu kleine Umsetzungsverhältnisse nicht praktisch.

Da die transformirten Ströme in einem praktisch geschlossenen Stromkreise fliessen, so sind die elektrostatischen Wirkungen nothwendig klein und ich wandele sie daher in Ströme oder Wirkungen der gewünschten Art um. Solche Umwandelungen habe ich auf mehrere Arten vorgenommen. Das vorzugsweise benutzte Schema der Verbindungen ist in Fig. 127 dargestellt. Die Art der Operation ermöglicht es, mit Hülfe eines kleinen und wenig kostspieligen Apparates enorme Spannungsdifferenzen zu erzeugen, die man sonst nur mittels grosser und theuerer Spulen erhalten konnte. Zu diesem Zwecke braucht man nur eine gewöhnliche kleine Spule zu nehmen, mit derselben einen Kondensator und Entlader, der den Primärkreis einer kleinen Hülfsspule bildet, zu ver-

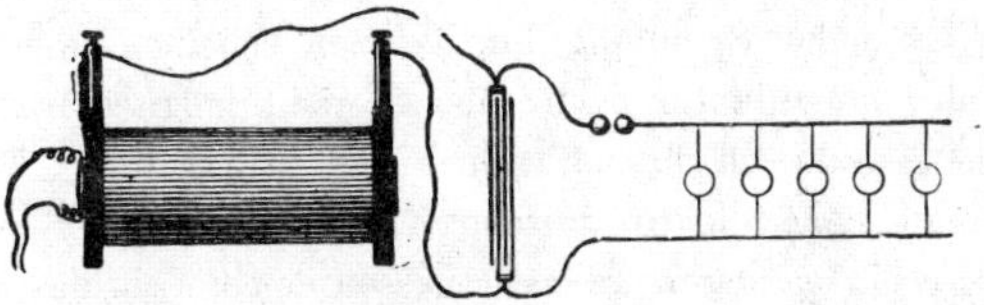

Fig. 126.

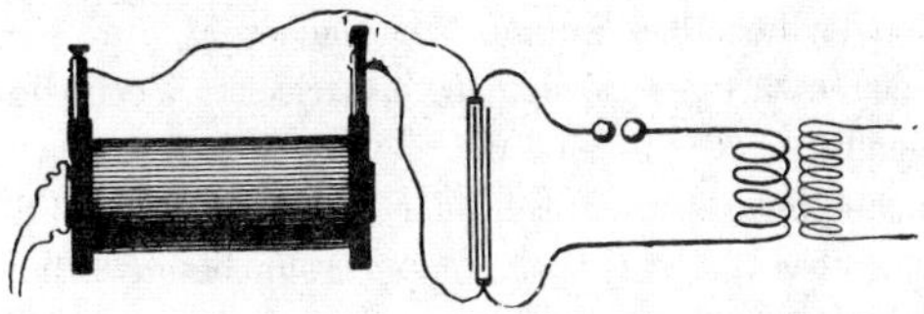

Fig. 127.

binden und nach aufwärts zu transformiren. Da die induktive Wirkung der primären Ströme ausserordentlich gross ist, so braucht die zweite Spule nur verhältnissmässig wenige Windungen zu haben. Durch zweckmässige Adjustirung der Elemente kann man bemerkenswerthe Resultate erhalten.

Bei meinen Bemühungen, die erforderlichen elektrostatischen Wirkungen in dieser Weise zu erhalten, bin ich, wie sich erwarten liess, vielen Schwierigkeiten begegnet, die ich nach und nach überwunden habe, doch bin ich gegenwärtig noch nicht in der Lage, meine Erfahrung in dieser Richtung mitzutheilen.

Ich glaube, dass die disruptive Entladung eines Kondensators in Zukunft eine wichtige Rolle spielen wird, denn sie eröffnet weite Perspektiven nicht nur in Bezug auf eine wirksamere Lichterzeugung nach der von der Theorie angedeuteten Richtung hin, sondern auch in vielen anderen Beziehungen.

Seit Jahren sind die Bemühungen der Erfinder dahin gerichtet gewesen, elektrische Energie aus Wärme mit Hülfe der Thermosäule zu erhalten. Es könnte als Ueberhebung meinerseits erscheinen, wenn ich bemerke, dass nur wenige Leute wissen, worin die wirkliche Schwierigkeit bei der Thermosäule besteht. Dieselbe besteht nicht in der geringen Wirksamkeit oder der geringen Leistung, obwohl dies grosse Nachtheile sind, sondern in dem Umstande, dass die Thermosäule ihre Phylloxera hat, d. h. dass sie durch beständigen Gebrauch schlechter wird, was bis heute die Einführung derselben in die Industrie verhindert hat. Jetzt, wo alle neueren Untersuchungen mit Sicherheit auf die Verwendung von Elektricität von ausserordentlich hoher Spannung hinzuweisen scheinen, muss sich vielen von selbst die Frage aufdrängen, ob es nicht möglich sei, diese Form der Wärme in praktisch brauchbarer Form zu erhalten. Wir sind gewöhnt gewesen, eine elektrostatische Maschine als ein Spielzeug anzusehen, und verbinden damit gewissermassen den Begriff des Unwirksamen und Unpraktischen. Nunmehr aber müssen wir anders denken, denn wir wissen jetzt, dass wir es überall mit den nämlichen Kräften zu thun haben und dass es bloss eine Frage der Erfindung geeigneter Methoden oder Apparate ist, dieselben nutzbar zu machen.

In den gegenwärtigen Systemen elektrischer Vertheilung macht es uns die Verwendung des Eisens mit seinen wunderbaren magnetischen Eigenschaften möglich, die Grösse der Apparate beträchtlich zu reduciren; trotzdem aber ist sie noch immer sehr beschwerlich. Je weiter wir im Studium der elektrischen und magnetischen Erscheinungen fortschreiten, um so mehr kommen wir zu der Ueberzeugung, dass die gegenwärtigen Methoden nicht von langer Dauer sein werden. Für die Erzeugung von Licht zum mindesten würden solche schweren Maschinen unnöthig sein. Die erforderliche Energie ist sehr gering, und wenn Licht so wirksam erzeugt werden kann, als es theoretisch möglich erscheint, so braucht der Apparat nur eine sehr geringe Leistung zu haben. Da es höchst wahrscheinlich ist, dass die Beleuchtungsmethoden der Zukunft die Verwendung sehr hoher Spannungen bedingen werden, so erscheint es sehr wünschenswerth, eine Vorrichtung, welche die Umwandlung der Energie der Wärme in Energie von der gewünschten Form ermöglicht, zu vervollkommnen. Ueber Versuche, welche zu diesem Zwecke unternommen worden wären, lässt sich nichts berichten, denn der Gedanke, dass Elektricität von einigen 50000 oder 100000 Volt Spannung oder mehr, selbst wenn dieselbe erhältlich wäre, für praktische

Zwecke unverwerthbar sein würde, hat die Erfinder abgeschreckt, nach dieser Richtung hin zu arbeiten.

In Fig. 126 ist ein Schema der Verbindungen dargestellt zur Umwandelung von Strömen hoher in solche niedriger Spannung mit Hülfe der disruptiven Entladung eines Kondensators. Dieses Schema habe ich oft benutzt zum Betriebe einiger Glühlampen, die im Laboratorium gebraucht wurden. Einige Schwierigkeiten machte der Entladungsfunken, doch habe ich dieselben grösstentheils überwinden können. Ausser dieser und der für einen zweckmässigen Betrieb nothwendigen Regulirung sind weitere Schwierigkeiten nicht aufgetreten und es war leicht, gewöhnliche Glühlampen und sogar Motoren auf diese Weise zu betreiben. Da die Linie mit Erde verbunden war, konnte man mit allen Drähten ohne jegliche Gefahr hantiren, gleichgültig wie hoch die Spannung an den Klemmen des Kondensators war. Bei diesen Versuchen wurde eine Induktionsspule hoher Spannung, welche von einer Batterie oder von einer Wechselstrommaschine bethätigt wurde, zur Ladung des Kondensators benutzt; aber die Induktionsspule könnte durch einen Apparat von anderer Art ersetzt werden, der Elektricität von so hoher Spannung zu geben vermag. Auf diese Weise können Gleichströme oder Wechselströme umgewandelt werden und in beiden Fällen können die Stromimpulse von jeder gewünschten Frequenz sein. Wenn die den Kondensator ladenden Ströme von gleicher Richtung sind und man wünscht, dass die transformirten Ströme ebenfalls einerlei Richtung haben sollen, so muss natürlich der Widerstand des Entladungsstromkreises so gewählt werden, dass keine Oscillationen stattfinden.

Bei dem Betriebe von Apparaten nach dem obigen Schema habe ich merkwürdige Impedanz-Erscheinungen beobachtet, welche von Interesse sind. Wenn z. B. eine dicke Kupferstange gebogen wird, wie in Fig. 128 angedeutet, und im Nebenschluss dazu gewöhnliche Glühlampen angebracht werden, so können, wenn die Entladung zwischen den Knöpfen übergeht, die Lampen zum Glühen gebracht werden, obwohl sie kurzgeschlossen sind. Wird eine grosse Induktionsspule angewendet, so kann man leicht Knoten auf der Stange erhalten, welche durch den verschiedenen Grad der Helligkeit der Lampen sichtbar gemacht werden, wie dies in Fig. 128 roh angedeutet ist. Die Knoten sind niemals scharf markirt, sondern sie sind Maxima und Minima der längs der Stange herrschenden Spannung. Dies rührt wahrscheinlich von der Unregelmässigkeit des Bogens zwischen den Knöpfen her. Im Allgemeinen kann man, wenn man die oben beschriebene Methode der Umwandlung von hoher zu niedriger Spannung benutzt, das Verhalten der disruptiven

Entladung genau studiren. Die Knoten können auch mittels eines gewöhnlichen Cardew-Voltmeters, welches gut isolirt sein muss, ermittelt werden. Auch Geissler'sche Röhren können zwischen den Punkten der gebogenen Stange zum Leuchten gebracht werden; in diesem Falle ist es natürlich besser, kleinere Kapacitäten anzuwenden. Ich vermochte in dieser Weise eine Lampe und sogar eine Geissler'sche Röhre, die durch einen kurzen dicken Metallstab nebengeschlossen war, zum Leuchten zu bringen, und dies Resultat erschien auf den ersten Blick sehr merkwürdig. In der That, je dicker die Kupferstange in Fig. 128 ist, um so besser ist dies für den Erfolg der Versuche, da sie dann einen überraschenderen Anblick gewähren. Wenn Lampen mit langen dünnen Fäden benutzt werden, beobachtet man oft, dass die Fäden von Zeit zu Zeit in starke Schwingungen versetzt werden und dass die Schwingungen in den Knotenpunkten am kleinsten sind. Diese Schwingungen scheinen von einer elektrostatischen Wirkung zwischen dem Faden und der Glasbirne herzurühren.

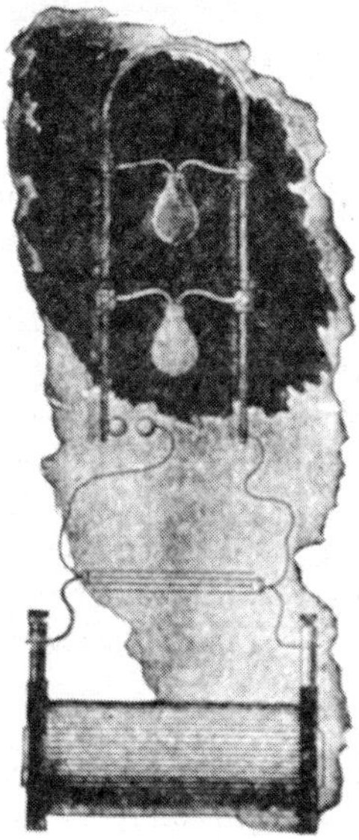

Fig. 128.

Bei einigen der obigen Versuche empfiehlt es sich, besondere Lampen zu benutzen, welche, wie in Fig. 129 dargestellt, einen geraden Kohlenfaden haben. Bei Verwendung einer solchen Lampe kann man eine noch seltsamere Erscheinung, als die vorher beschriebene, beobachten. Die Lampe kann quer zu der Kupferstange angebracht und zum Leuchten gebracht werden, und wenn man etwas grössere Kapacitäten oder, in anderen Worten, geringere Frequenzen oder kleinere scheinbare Widerstände anwendet, so kann man den Faden zu jedem gewünschten Grade des Glühens bringen. Wenn man aber den scheinbaren Widerstand erhöht, so erreicht man einen Punkt, wo verhältnissmässig wenig Strom durch die Kohle und der grösste Theil desselben durch das verdünnte Gas hindurchgeht; oder vielleicht ist es richtiger zu sagen, dass sich der Strom trotz des enormen Unterschiedes im Widerstande nahezu gleichmässig zwischen beiden theilt, und dies würde der Wahrheit entsprechen, wenn sich nicht das Gas und der Faden verschieden verhielten. Man bemerkt dann, dass die ganze Glaskugel brillant erleuchtet ist; und die Enden der Einführungsdrähte werden glühend und sprühen oft Funken aus infolge des heftigen Bombardements; aber der Kohlenfaden bleibt dunkel. Dies ist in Fig. 129 dargestellt. Anstatt des Fadens kann man auch einen einzigen Draht, der sich durch die ganze Birne erstreckt, benutzen und dann würde die Erscheinung noch interessanter sein.

Aus dem obigen Versuch wird ersichtlich sein, dass, wenn gewöhnliche Lampen durch die transformirten Ströme betrieben werden, vorzugsweise solche genommen werden müssen, bei denen die Platindrähte weit von einander abstehen, und dass die angewendeten Frequenzen nicht zu gross sein dürfen, da sonst die Entladung an den Enden des Fadens oder in der Fassung der Lampe zwischen den Einführungsdrähten erfolgen und die Lampe beschädigt werden könnte.

Fig. 129.

Indem ich Ihnen diese Resultate meiner Untersuchungen über den in Rede stehenden Gegenstand vorführte, habe ich manche Thatsachen, über welche ich mich hätte ausführlich verbreiten können, nur vorübergehend berührt und unter den vielen Beobachtungen nur diejenigen ausgewählt, von denen ich annehmen durfte, dass sie Sie am meisten interessiren würden. Das Feld ist weit und vollkommen unerforscht und bei jedem Schritte wird eine neue Wahrheit enthüllt, eine neue Thatsache beobachtet.

Wie weit die hier vorgetragenen Resultate praktischer Anwendungen fähig sind, muss die Zukunft entscheiden. Was die Erzeugung von Licht betrifft, so sind einige bereits erreichten Resultate ermuthigend und lassen mich wagen zu behaupten, dass die praktische Lösung des Problems in der Richtung liegt, die ich anzudeuten gesucht habe. Indessen, was immer auch die unmittelbare Folge dieser Versuche sein möge, sie werden sich, hoffe ich, als ein Schritt zur weiteren Entwickelung zum Ideal und zur schliesslichen Vollkommenheit erweisen. Die Perspektiven, welche durch die moderne Forschung eröffnet wurden, sind so weit, dass auch der Zurückhaltendste sanguinisch in die Zukunft blicken muss. Hervorragende Gelehrte betrachten das Problem der Nutzbarmachung einer Art der Strahlung ohne die andern als ein rationelles. Bei einem Apparate, der zur Erzeugung von Licht durch Umwandlung aus irgend einer Form der Energie in diejenige des Lichtes dient, kann ein solches Resultat nie erreicht werden; denn wie beschaffen auch immer der Process der Erzeugung der erforderlichen Schwingungen sein möge, mag er elektrischer, chemischer oder irgend einer anderen Natur sein, es wird nicht möglich sein, die höheren Lichtschwingungen zu erzeugen, ohne durch die niedrigeren Wärmeschwingungen hindurchzugehen. Es ist dasselbe Problem, wie einem Körper eine gewisse Geschwindigkeit mitzutheilen, ohne durch alle niedrigeren Geschwindigkeiten hindurchzugehen. Es besteht aber die Möglichkeit, Energie nicht nur in der Form von Licht, sondern auch als bewegende Kraft und als Energie von irgend einer andern Form auf etwas direkterem Wege von dem uns umgebenden Medium zu erhalten. Es wird eine Zeit kommen, wo sich dies erfüllt, und die Zeit ist bereits gekommen, wo man solche Worte vor einer erleuchteten Zuhörerschaft äussern darf, ohne als Träumer betrachtet zu werden. Wir sausen durch den endlosen Raum mit unbegreiflicher Geschwindigkeit, alles um uns her dreht sich, alles bewegt sich, überall ist Energie. Es muss irgend einen Weg geben, auf dem wir diese Energie in direkterer Weise nutzbar machen können. Mit dem aus dem Medium erhaltenen Lichte, mit der von ihm entlehnten Kraft, mit jeder beliebigen ohne Anstrengung aus dem ewig unerschöpflichen Vorrathe erlangten Form von Energie ausgerüstet, wird dann die Menschheit mit Riesenschritten vorwärts schreiten. Die blosse Betrachtung dieser grossartigen Perspektiven erweitert unser Geist, verstärkt unsere Hoffnungen und erfüllt unsere Herzen mit höchstem Entzücken."

LEBENSDATEN

1856 Am 10. Juli wird Nikola Tesla in Smiljan/Kroatien geboren; Eltern Milutin und Djouka Tesla, Vater orthodoxer Geistlicher
Lord Kelvins Theorie des Schwingkreises

1861 Nikola Teslas Bruder Dane stirbt im Alter von zwölf Jahren auf nie ganz geklärte Weise

1862 Teslas Eltern übersiedeln nach Gospić

1865 Maxwell veröffentlicht seine mathematische Theorie der elektromagnetischen Lichtausbreitung

1866 Besuch der Realschule (nach vier Jahren Volksschule)

1871 Übertritt an die Höhere Realschule in Karlovac

1873 Tesla erkrankt an Cholera, neun Monate bettlägerig

1874 Aufenthalt im Gebirge zur Erholung von der Choleraerkrankung, Befreiung vom Militärdienst

1877 Beginn des Studiums an der Technischen Hochschule in Graz

1879 Teslas Vater stirbt

1880 Selbst-Studium an der Universität Prag
Edison richtet eine Beleuchtungsanlage auf dem Dampfer „Columbia" ein

1881 Tesla erhält eine Anstellung bei der Telephongesellschaft in Budapest

1882 Tesla entdeckt im Budapester Stadtpark das Drehfeld, Konzipierung des ersten Wechselstrommotors
Edison baut das erste mit Gleichstrom betriebene Elektrizitätswerk in New York

1882 Tesla geht nach Paris, Arbeit bei der „Continental Edison Company"

1883 Außendienstarbeiten in Straßburg, dort Bau des ersten Modells eines Wechselstrommotors (Induktionsmotors)

1884 6. Juni: Tesla trifft in New York ein, kurze Zeit der Beschäftigung in Edisons Laboratorien

1885 März: Gründung der „Tesla Electric Light Company"
April: Anmeldung der ersten Patente für Bogenlampen

1886 Ein Jahr Arbeit als Tagelöhner

1887 Gründung der „Tesla Electric Company"
Oktober-November: Anmeldung verschiedener Patente für seinen „Elektromagnetischen Motor" und der „Verteilung elektrischer Energie"

1888 Hertz macht Versuche mit elektromagnetischen Wellen von ca. 1 m Länge
1. Mai: Veröffentlichung seiner Drehstrom-Patente
16. Mai: Tesla hält den Vortrag: „Ein neues System von Wechselstrommotoren und Transformatoren" vor dem „Institut der Elektroingenieure"
Juli: Abkommen mit Westinghouse, Verkauf sämtlicher Drehstrom-Patente

1889 Tesla arbeitet für Westinghouse in einem Werk in Pittsburg
Gegen Ende des Jahres Rückkehr nach New York
Oktober: Anmeldung des ersten Patents für eine Hochfrequenzmaschine (Frequenz ca. 10000 Hertz)

1890 Tesla beginnt seine Experimente mit Hochfrequenzströmen

1895 Erfindung der Hochfrequenzoszillatoren (Verwendung von Thomson'schen Schwingkreisen)
Entwicklung der Teslaspulen, Tesla erzeugt Spannungen bis zu 4 Millionen Volt
Umfangreiche Versuche mit Vakuumröhren (Elektronenröhren, Leuchtstoffröhren, Gasentladungsröhren, Kohleknopflampe etc.)
Bau kleinerer ferngesteuerter Geräte und drahtloser Anlagen

1891 20. Mai: Vortrag vor dem „Amerikanischen Institut der Elektroingenieure" in New York über die Anwendung von Hochfrequenzströmen für künstliche Beleuchtung

1892 3. und 4. Februar: Vorträge in London über Hochfrequenzströme, Tesla erwähnt eine Vorform der Elektronenröhre

1892 Teslas Mutter stirbt

1893 Februar: Vortrag in Philadelphia
März: Vortrag in St. Louis
Tesla stellt die Grundprinzipien der Radiotechnik vor

1895 13. März: Bei einem Brand wird Teslas Laboratorium völlig zerstört
Dezember: Röntgen entdeckt die X-Strahlen

1896 Umfangreiche Versuche mit Röntgenstrahlen; Entwicklung von Röntgengeräten; er erkennt als einer der ersten die Gefährlichkeit der Röntgenstrahlung

1897 Vollendung eines ferngesteuerten Bootes
Thomson entdeckt das Elektron
Juli: Erste drahtlose Übertragung über eine größere Entfernung (40 km) zwischen Teslas Labor und einem Schiff auf dem Hudson River

1898 Versuche mit Elektro-Mechanischen Oszillatoren
Tesla baut einen Apparat zur Nutzung der Sonnenenergie
13. September: Vortrag vor der „Amerikanischen Elektrotherapeutischen Vereinigung"
September: Tesla stellt auf der Weltausstellung im Madison Square Garden sein ferngesteuertes Boot und eine Anlage zur drahtlosen Nachrichtenübertragung vor

1899 Mai-Januar 1900: Tesla in Colorado Springs: Entwicklung des sogenannten „Magnifying Transmitters"
Signalübertragung über eine Entfernung von 1000 km
Tesla erzeugt Spannungen von bis zu 20 Millionen Volt
Empfang von Radiosignalen aus dem Weltall
Kleine Modellanlage zur drahtlosen Übertragung von Energie
Entwicklung eines Konverters zur Nutzung der Energie des Weltalls

1901 Marconi sendet mit einer Hochfrequenzanlage nach Teslas Vorbild drahtlos ein Signal von Europa nach Amerika

1902 Juni: Tesla übersiedelt nach Wardenclyffe auf Long Island.
Aufbau einer Radiostation und einer Anlage zur Übertragung von Energie auf drahtlosem Weg

1905 Aus finanziellen Gründen muß das Laboratorium in Wardenclyffe geschlossen werden, bevor Tesla seine Arbeiten beenden kann

1906 Erstes Modell der Teslaturbine

1907 Entwicklung der Elektronenröhre durch Lee de Forest

1909 Marconi und Braun erhalten den Nobelpreis für die Entwicklung des drahtlosen Telegraphen

1910 Erste Rundfunksendung in Amerika
Tesla baut eine größere Turbine mit einer Leistung von 300 PS
Mark Twain stirbt

1912 Tesla erklärt in einem Interview, daß er einen kleinen Vibrator gebaut habe, mit dem es möglich sei, große Gebäude oder Brücken einstürzen zu lassen

1916 Anmeldung verschiedener Patente (Frequenzmesser, Tachometer, Blitzableiter etc.)

1917 Tesla beschreibt in einem Artikel die Hauptbestandteile des Radars
Verleihung der Edisonmedaille

1922 Verschiedene Patente im Bereich der Mechanik von Flüssigkeiten.
Tesla muß aus finanziellen Gründen sein Laboratorium aufgeben

1925 Katherine Johnson stirbt

1931 Tesla veröffentlich Pläne für ein geothermisches Kraftwerk
Test seines Energiekonverters in einem Pierce Arrow

1936 Tesla erhält von der jugoslawischen Regierung eine jährliche Rente von 7200 Dollar auf Lebenszeit

1937 Bei einem Unfall mit einem Taxi wird Tesla schwer verletzt
Robert Underwood Johnson stirbt

1943 7. Januar: Tesla stirbt im Alter von 86 Jahren im Hotel New Yorker

EDITION FREIE ENERGIE

Mittlerweile werden die Anzeichen unübersehbar und immer bedrohlicher: Die Menschheit ist auf dem besten Wege, ihre eigenen Lebensgrundlagen durch planlose Gewinnung und Verwendung fossiler und nuklearer Energie mit Belastung von Boden, Luft, Wasser und allen Lebewesen sowie Mißwirtschaft in der Rohstoffverwertung nachhaltig auf das Schwerste zu schädigen.

Die Klimakonferenz von Rio de Janeiro im Jahr 1992 war bereits vor Beginn gescheitert. Die großen Umweltschutzorganisationen und Ökoparteien versagen bei der Umsetzung durchaus brauchbarer Konzepte. Die Warnungen des Club of Rome und ähnlicher Projektgruppen verhallen ungehört.

Die öffentlichen Forschungsgelder werden entsprechend den Interessen der etablierten Wissenschaft weitgehend auf prestigeträchtige, aber selten zu praktisch verwertbaren Ergebnissen führende Großvorhaben aufgeteilt; oder sie fließen an die Großindustrie, obwohl diese ihre Forschung eigentlich selbst finanzieren müßte. Stattdessen richtet die Großindustrie ihre unternehmerische Energie großteils auf das Erhaschen von Subventionen, verliert aber gleichzeitig wichtige Märkte oder überläßt sie von vornherein der ausländischen Konkurrenz. Zum Teil sogar noch nicht einmal besonders neue naturwissenschaftliche Entdeckungen werden einfach nicht zur Kenntnis genommen, neuartige Ideen unterdrückt.

Diese überlebensfeindliche Praxis führt, zusätzlich zu anderen Ursachen, mittelfristig zu erheblicher Gefährdung des Überlebensstandorts Deutschland. Insbesondere aufgrund des Umbruchs in Europa bleibt uns gar nichts anderes übrig, als umzudenken und neue Wege zu gehen.

Angesichts dieses enormen Spannungsfelds wurde die Reihe EDITION FREIE ENERGIE ins Leben gerufen. Unkonventionelle Publikationen sollen der heranwachsenden Generation ebenso wie den Entscheidungsträgern in Politik, Industrie und Wirtschaft neue Möglichkeiten vor Augen führen. Ihre Vorschläge können grundlegend für eine lebenswerte Zukunft wirken. Die EDITION FREIE ENERGIE verfolgt drei Zielrichtungen:

1. Leicht verständliche, aber auch anspruchsvollere, jedoch immer korrekte Darstellung realer Möglichkeiten, die uns die Freie Energie bietet, wenn die festgefahrenen gegenwärtigen Denkstrukturen erst einmal überwunden sind.

2. Offenlegen der nur scheinbar unüberwindlichen machtvollen Wissens- und Wirtschaftsmonopole und elitären Zirkel sowie deren geschickt täuschender Informationspolitik.
3. Darstellung bisher unterdrückter Kernthemen und neuer Überlegungen in Naturwissenschaft und Technik sowie von Möglichkeiten ihrer Umsetzung, unter anderem in dezentrale Energieversorgung für jedermann.

(„Freie Energie" ist der Oberbegriff für eine derzeit noch unbeachtete Energiequelle, die überall, zu jeder Zeit und für jedermann verfügbar ist und keine schädlichen Nebenwirkungen hat. „Frei" bedeutet auch, daß diese Quelle nicht monopolisierbar ist – so wenig wie die Luft zum Atmen. Andere Bezeichnungen sind Nullpunktenergie, Vakuumfeldenergie, Schwerkraftfeldenergie, Raumenergie.)

Es ist allerhöchste Zeit und zwingend notwendig, das Stiefkind Forschung von seinen Fesseln zu befreien. Wissenschaft und Technik müssen neue Wege zur Nutzbarmachung der im Überfluß vorhandenen, aber derzeit noch zu wenig bekannten Ressourcen begehen.

„Dann ist es wirklich nur noch eine Frage der Zeit, wann die Menschheit ihre Energietechnik an das Räderwerk der Natur angeschlossen haben wird." (Nikola Tesla, 1891!)

Da die Machtstrukturen offensichtlich verknöchert sind, können nur noch von Privaten, vom Mittelstand kommende Initiativen den entschlossenen Wandel in die Richtung auf besseres Leben, ja Überleben einleiten, den sinnlosen Niedergang Deutschlands als technik- und industrieabhängige Nation aufhalten sowie das Auseinanderbrechen sozialer Strukturen in Deutschland mit all seinen Folgen verhindern.

Die EDITION FREIE ENERGIE unterstützt und fördert diesen konstruktiven Wandel durch ihre Publikationen. Der Leser ist aufgerufen, die darin enthaltenen Informationen weiterzugeben und ihn so zu beschleunigen.

EDITION FREIE ENERGIE

Redaktionsadresse: Büro Peter Clemens, Liebigstraße 10, D-60323 Frankfurt am Main
Buchbestellungen: VAP-Verlagsauslieferung, Postfach 1180, D-32352 Preuß. Oldendorf
Telefon (0 57 42) 93 04 44 und 93 04 45 · Fax (0 57 42) 93 04 55